HISTÓRIAS DO SANEAMENTO

ARISTIDES ALMEIDA ROCHA

HISTÓRIAS
DO SANEAMENTO

Histórias do saneamento
© 2016 Aristides Almeida Rocha
2ª reimpressão – 2020
Editora Edgard Blücher Ltda.

Equipe do Instituto Samuel Murgel Branco (ISMB) que colaborou com este livro
Supervisão técnica e científica: Mercia Regina Domingues Moretto e Rosana Filomena Vazoller
Coordenação geral: Vera Lucia Martins Gomes

Blucher

Rua Pedroso Alvarenga, 1245, 4º andar
04531-934 – São Paulo – SP – Brasil
Tel.: 55 11 3078-5366
contato@blucher.com.br
www.blucher.com.br

Segundo o Novo Acordo Ortográfico, conforme 5. ed. do *Vocabulário Ortográfico da Língua Portuguesa*, Academia Brasileira de Letras, março de 2009.

É proibida a reprodução total ou parcial por quaisquer meios sem autorização escrita da editora.

Todos os direitos reservados pela Editora Edgard Blücher Ltda.

Dados Internacionais de Catalogação na Publicação (CIP)
Angélica Ilacqua CRB-8/7057

Rocha, Aristides Almeida
  Histórias do saneamento / Aristides Almeida Rocha. – São Paulo : Blucher, 2016.
  152 p. ; il.

  ISBN 978-85-212-1012-2

  1. Saneamento – História I. Título

16-0126   CDD 362.1068

Índice para catálogo sistemático:
1. Saneamento – História

CONTEÚDO

Prefácio 7

1. Introdução: o homem e a natureza 9
2. A água e o esgoto nas antigas civilizações 13
3. A evolução do tratamento dos esgotos sanitários através dos tempos ... 19
4. A água e o esgoto sanitário em Roma 33
5. Água, saneamento e saúde pública: da Idade Média aos tempos atuais ... 37
6. Registros sobre água, saneamento e saúde pública no Brasil 43
7. Fatos pitorescos na história do saneamento em São Paulo 53
8. O advento do Plano Nacional de Saneamento – PLANASA no Brasil ... 75
9. O saneamento em São Paulo antes, durante e depois do PLANASA 79

10. A evolução dos planos de tratamento dos esgotos sanitários
    na Região Metropolitana de São Paulo 83

11. O gerenciamento da água atualmente no Brasil 97

12. Necessidade do reúso da água 109

13. Produtos químicos e reagentes utilizados no tratamento da água
    ao longo dos tempos 113

14. Os banhos de piscinas e o termalismo 117

15. Disposição e tratamento de lixo desde a Antiguidade 125

16. A importância de uma legislação pertinente 135

17. A Faculdade de Saúde Pública e a CETESB no contexto do saneamento
    e do meio ambiente 137

Bibliografia 145

O autor 151

Prefácio

Após mais de 40 anos de exercício profissional nas áreas de zoologia, ecologia, saneamento e saúde pública; e depois de ter viajado pelo Brasil e por vários outros países cumprindo missões da Organização Pan-Americana da Saúde (OPS/OMS); após ter ocupado funções administrativas – como de superintendente de Impactos Ambientais da Companhia Ambiental do Estado de São Paulo (CETESB) e a de diretor da Faculdade de Saúde Pública da Universidade de São Paulo (USP) –; depois de ter exercido magistério – tendo orientado e formado mais de 100 mestres e doutores – e após ter publicado mais de 150 trabalhos em revistas especializadas e editado livros; procurei encarar novos desafios e me dedicar a novos afazeres. Alguns destes ainda estritamente vinculados ao saneamento e à saúde pública, como consultoria e palestras sobre meio ambiente, participação em bancas avaliadoras, revisão e reedição de livros voltados aos assuntos ambientais e de saneamento, e efetiva atuação junto ao Instituto Samuel Murgel Branco (ISMB), que é dedicado à preservação da ética ambiental e à difusão da obra do saudoso mestre a quem homenageia em seu nome. Paralelamente, busquei desenvolver trabalhos destinados à preservação da memória desportiva, e à difusão do *fair play* e da solidariedade. Continuo, portanto, trabalhando.

Assim, comecei este novo projeto, o de escrever uma breve história do saneamento, iniciando pelos tempos imemoriais das pioneiras civilizações, passando pelo período colonial e chegando até o presente. Espero não ter sido muito pretensioso. Penso que, em grande medida, o caminho já havia sido percorrido, pois há anos publiquei um livro intitulado *Fatos Históricos do Saneamento*, que serviu de embasamento ao texto ora produzido.

Este livro apresenta uma coletânea de acontecimentos, fatos e episódios alinhavados desde os primórdios da civilização. Enfocando o Brasil e, principalmente, São Paulo, procura resgatar a importância do desenvolvimento do saneamento para a melhoria das condições de saúde da população e a necessidade da adoção do conceito de cidade saudável.

Quatro aspectos fundamentais são abordados nesta obra:
- a necessidade de água e seu tratamento para uso no abastecimento público;
- a necessidade da preservação dos cursos d'água para múltiplos usos;
- o tratamento dos esgotos sanitários;
- o lixo (resíduos sólidos), sua disposição e as suas implicações.

Ressalto que não se trata de uma publicação de cunho técnico. Tampouco ousei apresentar uma perfeita e completa cronologia, no sentido estrito do termo. A pretensão aqui foi a de trazer à luz alguns fatos relacionados ao saneamento e à saúde pública que marcaram a história da humanidade. Assim, se a leitura servir àqueles que buscam conhecer aquilo que constituiu o alicerce estruturante do atual sistema de gestão e técnicas de defesa ambiental, me sentirei gratificado.

Aristides Almeida Rocha

CAPÍTULO 1

Introdução: o homem e a natureza

A consciência da relação entre a vida e o meio já estava manifestada nos escritos deixados pelos nossos ancestrais. Desde quando o ser humano registrou suas observações de cenas do cotidiano, foi constante a sua fixação em retratar o ambiente e a cultura.

Figura 1.1 – As figuras registradas por primitivas civilizações evidenciam que o ser humano sempre teve estreito contato com o ambiente que o cerca.

Porém, a Ecologia, como ciência, foi desenvolvida somente a partir do século XIX, quando, em 1866, o termo foi proposto pelo estudioso alemão Ernst Haeckel, na obra *Generelle Morphologie der Organismen* (Morfologia geral dos organismos), definindo-a como a ciência de costumes dos organismos (considerando a etologia como sinônimo de ecologia). Embora relativamente recente, a Ecologia encerra o objetivo mais antigo entre todas as preocupações científicas do ser humano.

As bases conceituais que viriam a caracterizá-la como um ramo da Biologia foram estabelecidas em 1875, em um artigo sobre geobotânica, de Eugen Warming.

A partir do conhecimento particularizado dos vegetais e animais, foi cada vez mais intenso o interesse pelo estudo das relações existentes entre as várias espécies de seres vivos, populações e comunidades e o ambiente no seu entorno.

A inclusão do homem nessa perspectiva, contudo, só viria a ocorrer mais recentemente, quando geógrafos, historiadores e filósofos começaram também a se preocupar com os estudos do conceito ambientalista humano.

Foi somente por volta de 1912 que Charles Galpin, nos Estados Unidos, publicou um pioneiro trabalho sobre Ecologia Humana. Três anos depois, as pesquisas tomaram caráter científico com Robert Park. Esse mesmo autor e Ernest Burgess apresentaram então o termo Ecologia Humana no tratado de 1921, intitulado *An Introduction to the Science of Sociology*.

O meio ambiente ou ambiente ecológico pode ser definido como o conjunto de elementos e fatores indispensáveis à vida. Na verdade, os vocábulos "meio" e "ambiente" são aproximadamente sinônimos, encerrando uma conotação de espaço físico ou de substância, externos ao ser vivo.

O meio ambiente se difere também de *habitat*, cuja conotação é geográfica ou espacial, é o ambiente nativo. Essa conotação espacial está contida na palavra do idioma português "ambiente", o que leva muitas vezes a distorções perigosas do conceito ecológico do termo, justificando o emprego da expressão "ambiente ecológico".

Esses espaços levaram milhões de anos para serem formados e isto se deu por meio de uma gradativa sucessão ecológica, até que fosse atingida uma comunidade perfeitamente adaptada às condições existentes no meio.

Essa interação da comunidade de seres vivos com o meio físico, que é regulada por fenômenos e leis da homeostase, não acontece, porém, no ambiente urbano ou nas cidades, cuja origem é antrópica (do idioma grego *ánthropos*, homem), locais em que via de regra não existe autossustentabilidade, necessitando da importação de matérias-primas, de alimento e, às vezes, inclusive, de água, para suportar o excessivo consumo. Por outro lado, o formidável gasto de energia, gerando maior entropia, provoca nos grandes centros urbanos a produção crescente de resíduos, dejetos e escórias de naturezas sólida, líquida e gasosa, que são de forma intermitente ou constante, lançados, dispostos ou emitidos para o solo, a água e o ar.

Os problemas de impactos ambientais e poluição existem e têm acompanhado o ser humano desde o seu aparecimento na Terra. Tais problemas foram se tornando cada vez mais evidentes, à medida que evoluíram os meios de transporte desde a invenção da roda, quando a velocidade média começou a superar os 5 km/h de uma caminhada a pé, e mais recentemente com o advento das máquinas a vapor, dos veículos automotores, dos trens, dos aviões com hélice, dos jatos etc., fatores que, acompanhados da melhoria dos meios de comunicação, tornaram cada vez menor a dimensão relativa do globo terrestre.

Todavia, foi em meados dos anos 1700, durante a Revolução Industrial na Inglaterra, que os problemas das aglomerações humanas, aliados à expansão industrial, aumentaram a escala das diversidades e começaram a despertar a preocupação maior da humanidade, induzindo à adoção de medidas preventivas e corretivas no sentido de minimizar, preservar ou corrigir possíveis agravos ao meio ambiente e à saúde.

Não se pode esquecer de que a preocupação em preservar a saúde do homem aparece em grande parte dos registros de antigas civilizações, como bem atestam as informações do velho e do novo testamentos bíblicos.

Nesse cenário, surgem o saneamento e a saúde pública, ciências ou áreas disciplinares que, utilizando os conceitos e as definições básicas da Ecologia, da Engenharia, da Medicina, da Geologia, da Farmácia e da Bioquímica, da Química, da Epidemiologia e de outros tantos ramos da sabedoria e do conhecimento humanos, procuram indicar e trazer soluções aos problemas. A Saúde Pública, como ciência, enfatiza George Rosen (1994), torna-se realidade "quando da necessidade de se conter as epidemias, a partir da melhoria do ambiente físico, da provisão das águas, da assistência médica e de outras medidas".

Paradoxalmente, os óbices e impactos vêm ocorrendo em virtude da própria ação do homem sobre a natureza, no intuito, pelo menos apregoado, de melhor usufruir do que ela nos oferece, em termos de recursos naturais renováveis ou não. Na verdade, o ser humano assume sempre uma postura "antropocêntrica", entendendo que é o senhor do universo e perfeito dominador de todas as leis que regulam o equilíbrio da natureza. Isto, no mais das vezes, não é verdadeiro e há inúmeros exemplos de ações que causaram profundos prejuízos ambientais, alguns dos quais irreversíveis.

Assim, o saneamento, no seu aspecto físico, constitui uma luta do homem em relação ao ambiente, que existe desde o início da humanidade, ora desenvolvendo-se conforme a evolução das diversas civilizações, ora retrocedendo com a queda delas e renascendo com o aparecimento de outras.

De grande significado histórico são a visão e o reconhecimento da importância do saneamento e sua associação com a saúde dos antigos povos, como medidas destinadas ao escoamento da água, os grandes aquedutos, o cuidado com o destino dos dejetos e outros procedimentos de natureza sanitária.

No entanto, algumas dessas conquistas alcançadas em épocas remotas ficaram esquecidas durante séculos, pois não chegaram a fazer parte do saber do povo em geral, uma vez que seu conhecimento era privilégio de poucos homens.

De acordo com a definição clássica, o saneamento se refere ao conjunto de medidas que visam preservar ou modificar as condições do meio ambiente com a finalidade de prevenir doenças e promover a saúde. Segundo a definição da Organização Mundial da Saúde (OMS), saúde é um estado de completo bem-estar físico, mental e social, e não apenas a ausência de doença ou enfermidade.

Sendo assim, o saneamento implica em dar ênfase às questões ambientais e de saúde (saúde pública) e, portanto, na necessidade de se dispor de:

- água e seu tratamento para uso no abastecimento público;
- preservação dos cursos d'água para usos múltiplos;
- tratamento dos esgotos sanitários em geral;
- remoção, disposição e tratamento do lixo (resíduos sólidos).

CAPÍTULO 2

A água e o esgoto nas antigas civilizações

O homem, um ser gregário, desde seus ancestrais simiescos, procurou viver próximo a uma fonte de água qualquer. A civilização humana, pode-se dizer, sempre dependeu e dependerá da água e, obviamente, assim foi com os antigos povos.

Com muita propriedade, a Dra. Perola Felipette Brocaneli (2007, p. 13), em sua magnífica tese de doutorado, enfatiza:

> A relação dos homens com a água é milenar e nas civilizações antigas se expressava não apenas na organização do espaço das cidades e territórios, interligando-os ou dividindo-os, mas também representava uma matriz mítica abrangendo o simbolismo do sagrado e do profano – do puro e do impuro.

A primeira reflexão do ser humano sobre sua própria imagem, segundo o filósofo alemão Ludwig Feuerbach, aconteceu ao mirar-se no espelho d'água. De fato, a paisagem fica indelevelmente marcada pela presença de qualquer coleção d'água, seja uma praia, um lago, uma fonte ou um rio.

Analisando a história, observa-se que foram quatro as bacias hidrográficas que exerceram influência e possibilitaram o desenvolvimento da civilização humana. Basicamente, ela nasceu nos vales e em função dos rios Amarelo (*Huang-Ho*), Hindo (*Shindu*), Tigre (*Layala ou Hiddekel*) e Eufrates (*Al Farat ou Perath*) e Nilo

(*Al Nil*). Corpos d'água situados, respectivamente, na China, no Paquistão, na Mesopotâmia e no Egito.

Mas a água, além de servir para dessedentar, sempre exerceu influência nos usos e costumes das antigas civilizações. À época dos vedas, na Índia, acreditava-se que rios como o Ganges, principalmente no Industão possuíam propriedades curativas, sendo suas águas benéficas para a saúde dos banhistas.

Dois mil anos antes de Cristo, entre os persas, havia leis que proibiam o lançamento de excretas nos rios e, no livro sagrado *Zenda Vesta*, Zoroastro prescreve abluções diárias para saúde e higiene.

Na história dos sumérios, entre 5 mil e 4 mil a.C., diz a lenda que, sobre todos os deuses, reinava Enki, isto é, a "Água Primordial", resultando desse deus Apson, as "Águas Doces", e Tiamat, as "Águas Salgadas".

No Egito, a água era armazenada em potes de barro durante vários meses, sofrendo decantação até que fosse destinada ao consumo humano. Esse método de tratamento era utilizado em 1450 a.C.

Também milênios antes de Cristo, chineses e japoneses serviam-se da filtração por capilaridade para obter água em condições de potabilidade.

A água, como não podia deixar de ser, é citada inúmeras vezes na Bíblia. O Gênesis 2:10 assinala: "E saía um rio do Éden para regar o jardim; e dali se dividia e se tornava em quatro braços." Também no Gênesis 2:5, 6, 10 e em Jó 14:9, ressalta-se a importância da água para a vegetação. Em Jó 8:11 e Isaías 1:30, é enfatizada a grande quantidade de água que exigem certas plantas.

Ainda em Jó 22:7, Provérbios 25:25 e Apocalipse 7:17, comenta-se a importância da água para saciar a sede e a utilidade como refrigerante.

A ação purificadora da água é mencionada, entre outros, por Ezéfios 5:26, Ezequiel 14:22 e 36:25. No Levítico 6:27, em Samuel 21:41 e São João 13:5, indica-se o seu uso na higiene e em lavagens diversas.

São João 2:6 aconselhava preservar a água guardando-a em potes e talhas de barro ou, como recomendavam Samuel 26:11 e São Marcos 14:13, a transportá-la em cântaros, como fazia Rebeca.

Em Reis 20:20, sugere-se a canalização desde a fonte para distribuir a água às cidades, e Samuel 9:11 descreve os profissionais que transportavam a água, que Geremias 5:4 lamentava às vezes ser escassa e vendida por alto preço.

No Êxodo 7:15, 7:20 e em Ezequiel 7:15, assinala-se o uso da água para as práticas religiosas, abluções, devoções, milagres etc. Contudo, no Êxodo 15:23, além de outras passagens, aparecem também informações de que frequentemente ela estava imprópria para quaisquer usos.

A Dr.ª Ruth de Gouvêa Duarte, da USP, em sua tese de doutoramento, de 1982, sob nossa orientação, citando A. Mendiola (1944) e outros autores, apresentou um extenso relato sobre a água na história da humanidade. Entre outras passagens, contou que, para regar os jardins suspensos da Babilônia (uma das Sete Maravilhas do Mundo Antigo), as águas do rio Eufrates eram elevadas por uma só bomba, a 92 metros de altura, e distribuídas, por gravidade, por meio de canalização metálica. A rainha Semíramis, da Assíria e da Babilônia, com justificado orgulho (mas atitude e visão antropocêntricas) declarava: "obriguei os cursos de água a correr segundo minha vontade, e minha vontade os dirigiu para onde possam ser úteis; através deles tornei férteis as terras secas".

Figura 2.1 – Os famosos jardins suspensos da Babilônia, exemplo do sucesso da antiga arquitetura, remetem também à visão antropocêntrica do ser humano (basta lembrar das declarações da rainha Semíramis).

Os quíchuas e os incas, indígenas da América do Sul, e os astecas, de Tenochtitlán, no México, tinham noções sanitárias, construindo canais para a água e o abastecimento.

Um olhar na história da humanidade possibilita perceber certa evolução do abastecimento e tratamento de água, que, como visto, remonta aos tempos anteriores à era cristã. Durante esse período, foram executados canais de irrigação e galerias, assentadas manilhas, construídos sistemas de recalques, cisternas, reservatórios, poços, túneis e aquedutos, e instalados medidores de água; tais equipamentos foram usados por diversas civilizações de Mesopotâmia, Babilônia, Índia, Grécia, Egito, China, Itália e outras.

Ao se estabelecer uma breve cronologia desde a Idade Antiga, percebe-se como era preocupante se dispor de água para a sobrevivência, e o quanto de conhecimento foi acumulado nessa longa trajetória do ser humano desde o seu surgimento. Caminhando por eras diversas, observam-se os procedimentos adotados nas civilizações que se sucederam.

Na cidade de Çatal Hüyük, na planície de Konya, às margens do rio Carsamba, Anatólia, na Turquia, no Período Neolítico (7.200 a.C.), as casas de tijolo eram revestidas com gesso e tinham abaixo de seus telhados "calhas" para recolher água e escoar aos pátios.

Em Petra, na Jordânia, havia um sistema hidráulico e irrigação do deserto bem antes dos tempos bíblicos. Os Caldeus possuíam termas.

A visão dos sumérios (5 a 4 mil a.C.) até o século VII na Jônia ou na Grécia era mágico-religiosa em relação à água. Os sumérios deixaram as primeiras instruções da humanidade para irrigação de terraços. Como assinalado, diziam que sobre todos os deuses reinava Enki, a "Água Primordial", e deste vinham Apson ("Águas Doces") e Tiamat ("Águas Salgadas").

Por outro lado, os persas (2 mil a.C.) dispunham de leis proibindo o lançamento de excretas nas águas, e no livro sagrado *Zenda Vesta*, Zoroastro prescreve abluções diárias para higiene e preservação da saúde.

Nas ruínas de civilização ao norte da Índia (cerca de 4 mil anos atrás), encontram-se evidências de hábitos sanitários, tais como a presença de banheiros, rede de esgotos nas edificações e drenagem das ruas. Em Nippur (3.750 a.C.), foram encontradas galerias de esgoto; em Pataliputra, no vale do Ganges, as ruas tinham um canal onde se lançava os esgotos que eram encaminhados a uma fossa situada fora da cidade, ou então para o rio.

Em Harappa, no vale do rio Indo, atual Paquistão, em 3 mil a.C., havia ruas com canais de esgotos cobertos com tijolos e as casas dotadas de banheiras e privadas lançavam os dejetos nos canais.

Nas cidades de Susa e Mari, na Mesopotâmia, atual Síria, em 3 mil a.C., as casas eram dotadas de privadas, banheiros e tubulação de esgoto. Em Ur, a cidade de Abraão, na região dos rios Tigres e Eufrates, havia latrinas.

No Egito (2.100 – 1.700 a.C.), o fluxo das águas do rio Nilo era gerido por um dispositivo administrativo controlando a montante e a jusante anualmente. Havia técnicas de irrigação, construção de diques, canalizações exteriores e subterrâneas. Em Alexandria, havia aquedutos e cisternas para sedimentação e clarificação da água. O palácio do faraó Quéops era dotado de tubos de cobre. Em Kahum e Tel-el-Amarma, havia galerias de mármore para drenagem urbana. Pinturas de

1375 a.C. mostram dispositivos para tratamento de água nas tumbas dos faraós Amenófis II e Ramsés II.

Em Knossos, Creta, na Grécia, mil anos antes de Cristo, havia instalações hidráulicas, banheiras, latrinas e as águas da chuva e de nascentes eram captadas em cisternas e distribuídas, além de serem escoadas; os esgotos eram também removidos.

Na Grécia, também era costume enterrar as fezes. Em Tróia, regulamentava-se o destino dos dejetos e havia sistema de esgotos.

Em Delos, na Grécia, ilha do arquipélago do Mar Egeu (século III a.C.), em função da escassez de água, foram construídas cisternas particulares e públicas que captavam águas de chuva, poços e tubulações.

Na cidade de Pagan, na Birmânia (1.044 a.C.), os rios eram desviados, havia barragens, canais de irrigação, poços e tanques para a agricultura.

Os cuidados com a qualidade da água nas antigas civilizações ficam aparentes quando alguns registros são examinados. Assim, em documentos em sânscrito (2 mil a.C.), como nos livros hindus *Osruta Sanghita* e *Ayura Veda*, são apresentadas recomendações para o acondicionamento da água em vasos de cobre, exposição ao sol, filtragem em carvão, areia ou cascalho e imersão da barra de cobre aquecida. Esses mesmos textos abordam as propriedades curativas da água do rio Ganges.

Os hebreus também conheciam processos de clarificação das águas e obrigavam a lavagem das mãos antes das refeições e após o uso de sanitários. Os poços, segundo o Novo Testamento, eram tampados, limpos e distantes das fontes de poluição. Gênesis, Jó, Provérbios, Apocalipse, Levítico, Efésios, Ezequiel, Samuel, São João, São Marcos, Reis etc., como comentado, mencionam a importância da água para a vegetação e higiene, sugerem a canalização ao consumo nas cidades, preservação em potes, além de discorrer sobre a poluição.

Platão (427 – 347 a.C.) afirmava que "qualquer um que tenha corrompido a água de outrem [...] além de reparar o prejuízo será obrigado a limpar a fonte".

Hipócrates (século III a.C.), considerado o patrono da Medicina, no livro Ares, Águas e Lugares" (em grego, *Aeron Hidron Topon*), obra que constitui o primeiro esforço sistemático para apresentar as relações causais entre fatores do meio físico e doença, isto é, meio ambiente e saúde, classificou as águas para uso humano e recomendava filtração e fervura.

Empédocles de Agrigenco (492 – 432 a.C.) construiu obras de drenagem das águas estagnadas de dois rios em Selenute, na Sicília, para combater uma epidemia de malária, e em várias localidades da Grécia.

Desde o século VII a.C., tem-se uma visão hipocrático-naturalista, em que o mundo é interpretado com base na observação da natureza.

Importantes no período foram também as posturas de Sólon (594 a.C.), que elaborou leis regulamentando o uso das fontes de água.

O famoso Tales de Mileto (624 – 558 a.C.) enfatizava que "os rios são alimentados pela água do mar, este que ascende pela destilação provocada pelo fogo interior das rochas ou pelo refluxo capilar da água".

Finalmente, Aristóteles (384 – 322 a.C.) conjecturava sobre as correlações entre as águas das chuvas e os lençóis subterrâneos, entendendo que os rios se originariam das primeiras e da umidade do ar das cavernas.

Poder-se-ia citar ainda mais exemplos a respeito dos cuidados com a água em inúmeras outras civilizações, mas a sucinta relação apresentada parece ser suficiente para atestar como as diversas civilizações, em épocas diferentes, se preocuparam com a quantidade e a qualidade desse precioso líquido e recurso natural. De qualquer modo, cabe ainda um registro especial às medidas de saneamento que eram efetivadas no Império Romano, em particular na cidade de Roma.

CAPÍTULO 3

A evolução do tratamento dos esgotos sanitários através dos tempos

O Dr. José Martiniano de Azevedo Netto, nascido em Mococa, São Paulo, em 1918, e falecido na cidade de São Paulo, em 1991, catedrático de Saneamento da USP, profissional conceituado internacionalmente, publicou vários artigos em periódicos sobre fatos marcantes da Engenharia Sanitária, muitos dos quais serviram para embasar este capítulo. Na realidade, o próprio Dr. Azevedo faz parte da história do saneamento, tendo deixado inúmeros discípulos e desenvolvido um sem número de projetos, no Brasil e no exterior. Mas vamos seguir à narrativa.

O imperador romano Vespasiano, como comentado, que sitiou a cidade de Jerusalém em 70 d.C., tornou-se célebre, entre outras facetas e façanhas, ao que parece, por ter herdado do progenitor o senso da economia. Como esta exposição refere-se ao saneamento e ao tratamento de esgotos, é conveniente lembrar que, na época daquele imperador, a urina era uma substância muito apreciada para a curtição de peles. O soberano, visando então maiores arrecadações para o erário da coroa, instituiu um imposto sobre ela, isto é, sobre as latrinas.

Durante a Idade Média, na Europa, verificou-se que os poços construídos sem revestimento, em geral, apresentavam o lençol d'água superficial contaminado, levando a se pensar em alguma medida de proteção.

Em 1404, a Lei Carta Patente, do rei Carlos VI, passou a proibir o lançamento de qualquer detrito urbano nas águas, inclusive aqueles retirados de fossas. Na Inglaterra, em 1532, o parlamento expediu ato criando as chamadas *Commissioners of Sewers* (Comissários dos Esgotos), com a incumbência de vigiar o lançamento de lixo e resíduos.

Um arresto parlamentar, de 1533, passou a exigir dos franceses a construção de fossas sépticas nas residências, isto porque até 1531 as necessidades fisiológicas eram feitas em qualquer sítio ou lugar, obrigando, como medida de saúde pública e higiene, que as autoridades instituíssem a Lei dos Senhorios, tornando compulsória a construção de latrinas nas casas de Paris.

Porém, é preciso assinalar que, durante a Revolução Francesa, 200 anos depois, os sanitários públicos estavam imundos e a população preferia utilizar o Parque das Tulherias para satisfazer as suas necessidades fisiológicas. Como medida preventiva, e no intuito de educar os usuários, estabeleceu-se uma taxa para o uso das privadas públicas, o que gerou protestos, passando a população a servir-se dos desvãos das escadas do Palácio do Louvre.

Havia na época uma ordem real que proibia urinar e obrar nas escadas do Palácio Saint Germain. Infelizmente, essa regulamentação de 8 de agosto de 1606 não era cumprida, nem pelo filho do próprio rei, o qual, dizem os historiadores, defecava e urinava no chão e nas paredes dos quartos, fazendo exalar odores nauseabundos.

Em Berlim, na Alemanha, na segunda metade do século XVII, os resíduos na cidade amontoavam-se diante da igreja de São Paulo, atraindo moscas, ratos e baratas. A partir de 1671, uma lei passou a obrigar os camponeses que iam à cidade negociar seus produtos rurais a levarem os detritos e restos orgânicos de volta ao campo, seu lugar de origem.

Essa situação de caos sanitário vivenciada na Europa, como se percebe, oriunda do desprezo de regras básicas mínimas de higiene e cuidados, que os antigos povos de certa maneira já haviam legado, levou à tomada de medidas drásticas e à procura, por meio da pesquisa, de processos para sanar os problemas.

Na Inglaterra, Chadwick, em 1847, levantou a bandeira da Reforma Sanitária, a *Water Carriage*, induzindo à ideia da *Circulation not Stagnation* (Circulação, não Estagnação) e à construção da rede pública de esgotos. Assim, de 1850 a 1860, 300 mil prédios compulsoriamente tiveram que adotar o sistema, interconectando-se ao sistema de esgotamento dos dejetos.

Mas não somente os ingleses, também os parisienses e o povo de Bruxelas, na Bélgica, em 1867, e o de Berlim, em 1867, tiveram as suas habitações higienizadas.

A adoção dessas medidas de caráter tão positivo para o saneamento e a saúde pública, lamentável e paradoxalmente, conduziriam em um prazo muito breve à contaminação dos rios na maior parte das principais bacias hidrográficas da Europa.

Relatos dos anos 1800 são fartos ao apontar as condições inadequadas do ponto de vista estético e sanitário dos rios. William Budd, em informes produzidos entre os anos 1858 e 1859, e no trabalho originalmente intitulado *Typhoid Fever its Nature, Made of Spreading and Prevention*, de 1873, descreve a poluição no rio Tâmisa e a transmissão da febre tifoide por via hídrica.

O rio Sena, em Bruxelas, é descrito como uma fossa sanitária a céu aberto e, em Paris, em 1898, ele apresentava concentrações de oxigênio dissolvido menores que 4,0 mg/L, prejudicando ou impedindo a sobrevivência dos peixes, e de grande número de microrganismos, como atestavam as análises químicas e bacteriológicas de Gerardin e Albert Levy, respeitados especialistas da época.

Mesmo no continente americano, principalmente na América do Norte, a poluição se fazia sentir. Em Boston e Chicago, no lago Michigan e outras regiões, por volta de 1859, a poluição e a contaminação dos cursos d'água eram preocupantes.

As condições sanitárias das águas cada vez mais precárias passaram a exigir medidas efetivas de proteção. Em Londres, para melhorar a qualidade do ar junto às margens do rio Tâmisa – em certas horas do dia, estendiam-se lençóis embebidos em cloro, que permaneciam pendurados nos varais para minimizar os odores sépticos exalados das águas quando os ventos se intensificavam –, foram, inicialmente, entre 1859 e 1865, construídas galerias interceptoras que se estendiam paralelas ao rio. Os dois coletores situados em cada margem do Tâmisa lançavam os esgotos a uma distância de 20 km abaixo da London Bridge, ou seja, da famosa ponte londrina.

Em Paris, em 1860, foi implantado o Plano Belgrand de despoluição do Sena. Esse mesmo plano foi aplicado, entre 1867 e 1875, em Bruxelas.

Nos Estados Unidos, o projeto intitulado "*Drainage Canal*", de 1900, procurou equacionar a coleta e a disposição dos esgotos no rio Illinois, em Chicago. Este afluente do rio Mississipi livraria da poluição o lago Michigan, porém poluiria os mananciais de abastecimento da cidade de Saint Louis.

Os ingleses, muito preocupados, procuraram instrumentos legais para proteção dos corpos d'água e, assim, instituiu-se o *Public Health Act*, de 1875, seguido do *River Pollution Prevention Act*, 1876, obrigando a depuração dos esgotos antes de serem lançados aos rios.

Na França, a Comissão Técnica recomendou, em 1873, o *Tout à L'Ëgout*, com a condição de que as águas *"ne seront ècoulées dans les cours d'eau qu'aprés eté épurées"**.

Na Bélgica, a Lei de 26 de dezembro de 1876 impedia o lançamento de substâncias poluidoras nos rios e na Alemanha, no final do século XIX e, embora não houvesse uma legislação específica, as autoridades sistematicamente negavam o lançamento de esgotos sanitários ou domésticos nos rios.

---

* Em tradução livre: "não serão lançados nos cursos d'água antes de serem depurados".

Da análise desses fatos históricos, evidencia-se que foi mais ou menos a partir de 1850 o surgimento da necessidade de se proceder a depuração ou o tratamento dos esgotos antes que pudessem atingir rios, lagos, represas etc.

Por outro lado, quando as preocupações se acentuaram em virtude dos graves problemas de saúde, os conhecimentos existentes, principalmente quanto à origem e natureza das doenças, como teorias de geração espontânea, miasmas e constituição epidêmica da atmosfera, ainda não haviam sido completamente abandonados. Havia a ideia de que o ar fétido transmitia doenças, as quais Murchison denominava "febre patogênica". Nesse período, começaram a surgir novas soluções e a ter início novos entendimentos, baseados, como assinalado anteriormente, nas recentes experiências de Pasteur, Koch, Escherich, entre outros.

Chadwick, em 1847, na Europa, apresentou o plano *The Rainfall to the River and the Sewage to the Soil*, sugerindo que os rios devessem receber as águas de chuvas e os esgotos sofrerem lançamento no solo.

Para o tratamento dos esgotos, apareceu, em 1848, o Separador de Morpet, que seria implantado em 1880, na cidade de Memphis, nos Estados Unidos, por Waring.

No entanto, a depuração no solo indicada por Chadwick como uma nova solução, na realidade já havia sido praticada há milênios em Jerusalém. Naquela cidade, os esgotos, depois de passarem por tanques de sedimentação, eram utilizados para irrigação dos jardins reais. Ao que parece, tratavam-se somente de águas de lavagem contendo o sangue proveniente do sacrifício de animais durante as cerimônias religiosas no templo.

No século XIII, na Lombardia, os monges cisterciences irrigavam os prados utilizando as águas que corriam nos canais da cidade de Milão. Durante a Idade Média, o mesmo processo era utilizado na agricultura de Valência, Espanha e Boleslávia, na Alemanha, em 1559.

Em cidades do Condado de Devon, no início do século XVIII, Chadwick, conforme comentado, realizou a reforma sanitária, fazendo circular pelos campos as águas residuárias das cidades, para posteriormente lançá-las nos rios. O mesmo investigador comparava esse sistema ao aparelho circulatório humano.

Em meados desse mesmo século, em Edimburgo, várias aldeias próximas à costa marinha, que tinham solos muito pobres, após estes serem irrigados com esgotos urbanos, passaram a dispor de prados férteis, propiciando até cinco colheitas de plantas forrageiras anualmente. Esta foi a primeira correlação entre os problemas de origem sanitária e a necessidade de depuração dos esgotos e os aspectos econômico-financeiros.

As técnicas sanitárias passaram a ser objeto de preocupação de vários segmentos da sociedade, de tal modo que, no final dos anos 1840, na França, houve uma intensa discussão a respeito.

Na Inglaterra, a prática de utilizar esgotos na irrigação de terras agrícolas passou a ser difundida. Não só Chadwick, tantas vezes aqui citado, mas também Ebrington, Ward e outros, adotam as *Sewage Farms*. Em 1869, havia 12; em 1873, já eram 44; e em 1881, atingia-se 134 "fazendas de esgoto".

Em um congresso sobre saúde e saneamento realizado na cidade de Bruxelas, em 1852, Ward apresentou um polêmico tema proclamando o lema "Higiene a Vapor com Sistemas Sanitários de Circulação Contínua", o que seria feito por meio de máquinas elevatórias a vapor instaladas entre os vários campos de irrigação.

Na França, a mesma ideia foi defendida por Michael Levy, Miéle e Durand Clay, realizando experiências na região de Clichy. Em 1868, eram irrigados 6 ha da planície de Genevilliers; passando em 1878 para 360 ha e sucessivamente para 500 ha, em 1882, e 668 ha, em 1887. A confiança no sistema de depuração dos esgotos por esse método ou processo era tanta, que Bechman, um dos responsáveis pela operação do sistema, ao acompanhar algum visitante, bebia a água que afluía dos canais. Em 1874, os alemães, iniciando o saneamento de Berlim, passaram a depurar os esgotos, dispondo-os no solo arenoso de Osderf, distando 12 km da capital. A água que escorria dos drenos de tal local também era oferecida aos visitantes.

Contudo, as evidências trazidas pelas observações de Pasteur, em 1883, e as contestações apresentadas por Cornill no Manual de Histologia Patológica, bem como as manifestações do Senado da República, obrigariam a adoção de medidas de segurança.

Em abril de 1889, uma lei declarou de utilidade pública os trabalhos que eram conduzidos na península de Achéres, nos arredores de Paris, isolando-a para uso agrícola com irrigação por esgotos.

A técnica então passa a ser aceita e recomendada, até como forma de reciclagem e economia. Justus Liebig, Dumas, químicos, e Victor Hugo, autor de *Os Miseráveis* (1862), foram alguns daqueles que a defenderam.

Dessa primitiva forma de disposição no solo, começa-se a idealizar a chamada Filtração Intermitente em Leito de Areia. Ao perceber, na Inglaterra, que o solo argiloso impedia o uso diretamente, procurou-se efetuar uma simples sedimentação, acompanhada de peneiramento e precipitação química para reduzir os sólidos. Conseguia-se assim diminuir a área necessária à depuração, possibilitando o uso de solos pouco permeáveis. As experiências evidenciaram que um hectare, recebendo o esgoto de 250 a 1.000 habitantes, passou a assimilar cargas correspondentes a 1.250 a 2.500 pessoas, portanto, havia a necessidade de áreas de aproximadamente 2,5 a 5,0 vezes menores.

É interessante lembrar que, nessa mesma época, Winogradsky demonstrava que as plantas não assimilam substâncias orgânicas completas, mas sim mineralizadas e sob a forma solúvel.

Idealizada por Frankland, em 1870, surge então a técnica de Filtração Intermitente em Leito de Areia, com a construção artificial, em que a filtração é mais intensa (1 ha para 2.500 habitantes). No final do século XIX, algumas cidades da Inglaterra utilizavam esse sistema.

Nos Estados Unidos, na Estação de Tratamento de Esgotos (ETE) de Lawrence, Massachusetts, em 1887, com esse processo, as eficiências de remoção da matéria orgânica e de redução de germes chegavam em média a 98 e 99%. Em 1904, no território americano, o esgoto de 250 mil habitantes (6 mil habitantes por cidade) era tratado dessa maneira em 41 estações.

Paralelamente, outros processos surgiram, dos quais podem ser citados nesses primórdios: Evaporação, Cozimento a Vácuo e Desidratação em Turbinas, de Amsterdã, século XIX; e o Eletrolítico, idealizado por William Webster, em 1889.

O primeiro processo mostrou ser antieconômico em função do baixo teor de sólidos no esgoto. O segundo, que consistia na passagem de corrente elétrica de 0,05 ampere/litro de esgoto, reduzia 61% das substâncias presentes em solução e quase 99% dos microrganismos. Verificou-se que o efeito purificador era resultante, em parte, da coagulação dos sais formados do metal dos eletrodos, o que encarecia o processo.

Ao analisar a evolução histórica dessas experiências e observações ocorridas no transcorrer do século XIX, nota-se que eram fruto de um pensamento mais ou menos consensual de que era necessária uma completa depuração dos esgotos, antes que fossem lançados nos rios.

Inspirados nos trabalhos da ETE de Lawrence, nos Estados Unidos, o químico inglês Dibdin e seu colaborador Thudichum, entre 1892 e 1896, pesquisaram lodos artificiais, na cidade de Barking, para serem utilizados como leitos de contato. Tais substratos de apoio eram constituídos de escórias, tijolos partidos e sílex, em que os esgotos aplicados intermitentemente sofriam ação biológica, de maneira idêntica à que ocorria no solo. Porém, como se verificava, a atividade bacteriana se dava com maior intensidade. Dibdin chamou a experiência de *bacterial process* (processo bacteriano).

Anteriormente, em Berlim, experiências correlatas de Alexandre Müeller, conduzidas entre 1865 e 1870, já haviam levado à conclusão de que a mineralização, degradação ou estabilização da matéria orgânica contida nos esgotos ocorria pela ação de organismos vivos. Fato ou teoria, foram confirmados, em 1877, por Schloesing e Muntz.

Embora houvesse dificuldades na operação do sistema, pois quando os esgotos, sem uma prévia sedimentação, apresentavam muitos sólidos em suspensão, colmatavam o leito de contato, várias cidades inglesas adotaram esse tipo de tratamento. Assim aconteceu entre 1901 e 1907, em Birmingham, Bradford, Manchester, entre outras.

A esse tempo, Duclaux, no *Traité de Microbiologie* (Tratado de Microbiologia), de 1898, assinalava que os cursos d'água constituem verdadeiros campos de depuração, nos quais o trabalho microbiano é inteiramente similar em seus efeitos àquele realizado nas instalações de depuração de esgoto não diluído.

Dessa fase inicial, evoluiu-se para os chamados processos biológicos de tratamento propriamente ditos. Tem-se como certo, no entanto, que foi a partir do chamado *Interim Report*, elaborado pela *Royal Commission on Sewage Disposal*, que efetivamente tem início a mudança do exclusivo critério da depuração de esgoto no solo.

Para as residências, coube ao francês Jean Louis Mouras, entre 1860 e 1881, idealizar, na cidade de Vesou, pequenas fossas de fermentação dos esgotos, substituindo os antigos depósitos que necessitavam de frequente limpeza. De acordo com os novos princípios de Pasteur, ele procurava liquefazer e gaseificar a matéria orgânica, por meio da ação bacteriana anaeróbia. Assim surgiram os *Septic Tanks*, que por mais de dez anos foram universalmente utilizados, pensando-se que a solubilização fosse completa.

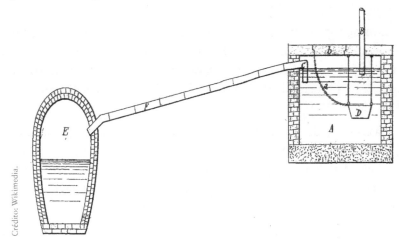

Figura 3.1 – As Fossas Mouras idealizadas pelo francês Jean Louis Mouras, na cidade de Vesou, representam um grande avanço para o saneamento das populações nos anos 1800.

Apareceram posteriormente as Fossas Cameron, as quais solucionavam o problema da lama de esgotos. Verificou-se que somente de 30 a 50% do total da matéria orgânica em suspensão eram solubilizáveis e que os tempos de detenção, isto é, períodos de permanência do esgoto na fossa, eram de 6h, 12h e 24h. O sistema contrariava também o antigo princípio de Chadwick, ou seja, de circulação e não estagnação.

Em paralelo, passou-se a utilizar uma outra técnica ou processo de tratamento, o Filtro Biológico, ou Filtro Percolador, ou, ainda, Filtro de Gotas; em inglês *Percolating System*.

Os estudos pioneiros foram de Dunbar, Corbett, Stoddard e equipe, trabalhando na famosa ETE de Lawrence, no final do século XIX.

Na Inglaterra, as primeiras instalações desse tipo seriam as de Chesterfield, em 1901, e Birmingham, em 1905.

As vantagens do sistema, que fundamentalmente é constituído de um leito percolador, composto de pedras ou rochas livremente empilhadas dispostas dentro das estruturas de concreto, geralmente construídas de forma circular, em que a matéria orgânica, ou seja, o esgoto pré-decantado é lançado, são: menor exigência de área, custo reduzido de construção e melhores eficiência e aeração naturais.

Houve também o processo idealizado, em 1925, por Buswell, Bach e Imhoff, conhecido como Leito de Contato Aerado, do inglês *Contact Aeration*, mas de aplicação muito restrita.

A ideia de imitar a depuração natural, provocando aeração, foi iniciada pelas tentativas do químico francês Lauth, em 1875, que mais tarde evoluiria na Inglaterra. O Dr. Angus Smith, em 1882, apresentou um extenso relatório sobre aeração artificial, o *Local Government Board*.

Após a consagração e o efetivo estabelecimento do processo conhecido como Lodos Ativados, em Milwaukee, nos Estados Unidos, em 1915, Worchester, na Inglaterra, em 1916, e em Houston, Texas, também nos Estados Unidos, em 1917, foi implantado ainda na cidade de Manchester, na Inglaterra, em 1924, por Gilbert J. Fowler, E. Arden e W. T. Lockety.

O sistema consiste de um tanque, no qual o esgoto é lançado e o líquido é então aerado (Tanque de Aeração). Forma-se uma massa biológica, que tem a capacidade de aglutinar o material do esgoto, o qual é decantado; daí segue-se a um outro tanque (Decantador Secundário). A dinâmica que ocorre no processo é de naturezas física, química e biológica, conferindo alta eficiência ao tratamento.

Não se pode esquecer, em uma breve resenha histórica, de vários experimentos ao longo do século XX, com a finalidade de aperfeiçoar e tornar mais eficientes os conhecidos processos de tratamento. Assim, Karl Imhoff e colaboradores, em Emscher, na Alemanha, entre 1905 e 1907, construíram o Tanque Séptico com dois compartimentos ou câmaras superpostas: a superior para sedimentação e a inferior destinada à digestão. Em 1923, Imhoff patenteou o Tanque de Retenção para 1h30 a 2h.

O Tanque de Digestão Separada, que já era utilizado desde 1912, em Baltimore, nos Estados Unidos, e na Inglaterra, em Birmingham, passou a partir de 1927 a predominar nas ETEs dos Estados Unidos e da Alemanha.

O processo de digestão realizado em dois estágios, descrito no relatório de Willem Rudolfs, de 1926, em uma ETE de Nova Jersey, teve aceitação e, entre 1930 e 1940, o seu uso foi expandido.

Em 1934, Harry Jenks idealizou o Filtro Biológico Rápido, que nos Estados Unidos é patenteado como Aerofiltro, e que seria muito utilizado em 1945, na Segunda Guerra Mundial, não só para esgotos domésticos, como também para resíduos industriais muito concentrados.

Na mesma época, surge ainda o Filtro Halvorson, de granulometria reduzida, para cargas de esgoto não elevadas, que utilizava insufladores mecânicos à razão de 430 m^3 de ar, por metro quadrado, por dia.

Entretanto, nesta sucinta descrição histórica, é muito importante lembrar das Lagoas de Estabilização, por constituírem um sistema muito barato, uma depuração natural muito útil, principalmente em países como o Brasil, que dispõe de área e, situa-se em região de clima tropical predominante e apresenta grande disponibilidade de luz solar durante todo o ano, facilitando a atividade fotossintética dos vegetais e das algas, por exemplo, fundamentais ao processo de depuração dos esgotos por esse meio.

Nas lagoas há o processo de nutrição, a partir da respiração realizada pelas bactérias e pelos protozoários, que mineralizam a matéria orgânica constituinte dos esgotos domésticos, e os minerais podem então ser utilizados pelas algas e plantas aquáticas, como o aguapé. As algas liberam o oxigênio necessário às bactérias e estas, por sua vez, o dióxido de carbono vital às algas.

As lagoas de estabilização, também chamadas de lagoas de oxidação, de fotossíntese, entre outras designações, têm sua origem nos tanques de Estrasburgo, na França, em 1900. A ideia foi de Hofer, que promovia uma decantação prévia dos esgotos, reduzindo a matéria sedimentável, a qual era enviada a um sistema anaeróbio. O efluente líquido (20 L/s) era destinado a quatro tanques de 40 a 50 m de largura por 100 a 150 m de comprimento. As profundidades eram de 0,30 m nas margens e 0,80 m no centro. No último tanque, de 1,0 m de largura, foram colocados peixes: 700 carpas. Observou-se que, em sete meses, o peso de cada exemplar, em média de 329 g, passou a 1.500 g. Cresceu também no tanque uma vegetação enraizada e emergente.

As medições indicaram uma redução do número de bactérias equivalente a 92,5%; uma redução de nitrogênio de 78% e uma redução de 88% na demanda bioquímica de oxigênio. Além disso, as concentrações de oxigênio dissolvido giravam ao redor de 5,0 a 7,0 mg/L, demonstrando uma eficiência de tratamento muito satisfatória, em 1 ha para cada 2 mil habitantes.

Em 1950, aparecem, então, as Lagoas de Estabilização, nos Estados Unidos, sistema no qual se procura remover a vegetação emergente, mas que apresenta dinâmica de funcionamento semelhante, tanto naquelas dispostas em série ou em paralelo (sistema australiano, ou americano com clarificação prévia).

Na década de 1940, surgem as Lagoas de Aguapé (planta aquática flutuante). Hillman e colaboradores (1978) consideram esse tratamento como um sistema natural que trabalha com níveis tróficos mais elevados. A solução dita ecológica, segundo Dymond (1946), evita o desperdício e o gasto de energia, por aproveitar a capacidade de absorção dos nutrientes das plantas. Porém, dada a capacidade de proliferação do aguapé e os inconvenientes que podem trazer (impedimento à navegação, aumento do foco de mosquitos e do teor de matéria orgânica ao morrer etc.), como a saciedade, demonstramos em vários trabalhos e observações que realizamos com as equipes de técnicos e pesquisadores da CETESB e da Faculdade de Saúde Pública da USP, durante os anos de 1968 a 1995, que o melhor é evitar esse tipo de tratamento.

Nos anos de 1970, surgiu o tratamento anaeróbio *UASB – Upflow Anaerobic Sludge Blanket* ou Rafa – Reator Anaeoróbio de Fluxo Ascendente, que é um tipo de filtro composto de um reator ou tanque de forma cilíndrica, às vezes, prismática de seção quadrada e fundo perfurado, com leito de material de enchimento, podendo ser a brita 4 ou plástico (anéis de *rasking* ou feixes com granulometria de 0,04 a 0,07 mm, em que o esgoto é introduzido pela extremidade superior).

A CETESB estudou na década de 1980 a utilização desse sistema para substituir o tratamento convencional de esgotos domésticos e industriais. Até 1985, vários trabalhos relacionados aos filtros anaeróbios de fluxo ascendente foram concluídos pela equipe CETESBiana da qual eu participava.

Apresenta-se a seguir uma sequência cronológica dos vários processos e avanços do tratamento de esgotos sanitários ao longo da história da humanidade:

- 70 d.C. – Vespasiano cria imposto sobre latrina. A urina é usada para curtição de peles; um verdadeiro processo de reciclagem.
- Século XIII – Monges cistercienses da Lombardia, na Itália, irrigavam os prados com águas dos canais de Milão.
- 1404 – Carlos VI promulga a Lei da Carta Patente, proibindo lançar detritos nas águas, inclusive o de fossas.
- 1531 – Na França, a Lei dos Senhorios exige a construção de latrinas nas residências; até então, as necessidades fisiológicas eram feitas em qualquer lugar.
- 1532 – O parlamento inglês cria a *Commissioners of Sewers* (Controle do lançamento de lixos e resíduos).
- 1533 – O parlamento francês exige a construção de fossas sépticas nas residências; até então, era "sair de baixo" ou usar o guarda-chuva, pois os excrementos eram lançados pelas janelas.
- 1559 – Na Idade Média, havia irrigação de campos com águas de esgoto em Valência, na Espanha, e Boleslávia, na Alemanha.

- 1606 – Uma ordem real proibiu urinar e defecar em escadas e jardins do palácio Saint Germain; todavia, curiosamente, nem o filho do rei a respeitava.
- 1671 – Na Alemanha, os resíduos amontoavam-se junto à igreja de São Paulo, atraindo moscas, ratos e baratas. Um édito real obrigava os camponeses a remover os resíduos da feira.
- 1850 a 1860 – Na Inglaterra, após trabalhos de Chadwick e o relatório de 1847 intitulado *Water Carriage – Circulation not Stagnation*, há a Reforma Sanitária e a construção da rede pública de esgotos para 300 mil prédios.
- 1858 e 1859 – Na Inglaterra, relatos de William Budd (*Typhoid Fever its Nature, Made of Spreading and Prevention*) evidenciam a crescente poluição no rio Tâmisa.
- 1847 – Implanta-se o famoso Plano de Chadwick, *The Rainfal to the River and the Sewage to the Soil*; na verdade, esta era uma técnica já usada em Jerusalém e que passou a ser empregada em cidades do Condado de Devon.
- 1852 – Em Ward, no Congresso de Bruxelas, é apresentado o tema Higiene a Vapor com Sistemas Sanitários de Circulação Contínua, e, na França, região de Clichy, os *experts* Michael Levy, Miéle e Durand Clay defendem a mesma ideia.
- 1859 – Nos Estados Unidos, os rios das cidades de Boston e Chicago, o lago Michigan e os rios de outras regiões estavam poluídos.
- 1865 a 1870 – Alexandre Müeller, em Berlim, evidencia a ação dos microrganismos, o que é confirmado por Schloesing e Muntz.
- 1867 – Em Paris e Bruxelas, há melhorias nas condições das habitações.
- 1869/1873/1881 – As *Sewage Farms* adotadas por Ward e Ebringtand expandem-se: 12, em 1869; 44, em 1873; 134, em 1881.
- 1868 – Eram irrigados 6 ha da planície de Genevilliers; em 1878, 360 ha; em 1882, 500 ha; e em 1887, 668 ha. O responsável Bechman bebia e servia a água dos canais.
- 1870 – Frankland idealiza a Filtração Intermitente em Leito de Areia, com a construção artificial sendo a mais intensa (1 ha/2.500 habitantes). Esse sistema foi usado em várias cidades da Inglaterra no final do século XIX. O mesmo processo foi empregado, posteriormente, em 1887, na ETE de Lawrence, em Massachusetts, EUA (redução de 98% a 99% dos germes).
- 1873 – Nas margens do rio Tâmisa, em certas horas, eram estendidos lençóis embebidos em cloro para minimizar o odor.
- 1874 – Berlim dispunha os esgotos em Osderf a 12 km da cidade e também oferecia água dos canais.

- 1875 / 1876 – Na Inglaterra, *Public Health Act* e *River Pollution Prevention Act* obrigam o tratamento dos esgotos; antes, na França, *Tout à L`Ëgout* (1873) e depois, na Bélgica, a Lei n. 26/12/1876, proíbem lançamentos nos rios.
- 1883 – Surgem as observações de Pasteur sobre microrganismos e as de Cornill no Manual de Histologia Patológica, fazendo com que o Senado da República exigisse medidas de segurança sanitária.
- 1889 – Lei declara de utilidade pública os trabalhos na península de Achéres, próxima a Paris, isolando-a para uso agrícola com irrigação por esgotos. Muitos defenderam essa técnica como uma forma econômica de reciclagem: Justus Liebig, Alexandre Dumas e Victor Hugo.
- Na Inglaterra, partindo dessa primitiva forma de disposição de esgotos no solo, tem início a chamada Filtração Intermitente em Leito de Areia. Em função do solo ser argiloso, usa-se então simples sedimentação, peneiramento e precipitação química, reduzindo os sólidos). Nesse caso, antes 1 ha de solo recebia o esgoto de 250 mil habitantes, e depois o de 1.250 a 2.500 pessoas (portanto, áreas 2,5 a 5,0 vezes menores).
- Nesse período, Winogradsky demonstrou que as plantas não assimilavam substâncias orgânicas complexas, mas sob a forma solúvel mineralizada.
- Outros processos apareceram em 1889, mas não se mostraram econômicos: em Amsterdã, na Holanda, evaporação, cozimento a vácuo, desidratação em turbinas. O baixo teor de sólidos tornou a operação muito dispendiosa.
- William Webster idealizou o processo eletrolítico (passagem de corrente elétrica de 0,05 A/L esgoto). Reduzia 61% das substâncias presentes em solução, bem como quase 99% dos microrganismos. Porém, a coagulação de sais formadores do metal dos eletrodos encarecia muito o processo.
- 1892 a 1896 – O químico inglês Dibdin e seu colaborador Thudichum pesquisam lodos artificiais da cidade de Barking, usados em leitos de contato (escórias, tijolos partidos e sílex), em que os esgotos depositados sofriam intensa ação microbiológica. O processo foi chamado de *Bacterial Process*. Várias cidades entre 1901 e 1907 adotaram esse sistema: Birmgham, Bradford, Manchester e outras.
- 1898 – Duclaux, em *Traité de Biologie*, assinala que os cursos d'água são campos de depuração com ação microbiológica, semelhantes às instalações de tratamento dos esgotos. Esses processos surgem a partir das recomendações do *Interim Report of Royal Commission on Sewage Disposal*.
- 1898 – Em Paris e Bruxelas, os químicos Gerardin e Albert Levy apontam a poluição do rio Sena, no qual o teor de oxigênio estava abaixo de 4,0 mg/L

e havia a ausência de peixes. É de se notar que, desde 1860, implantou-se o Plano Belgrand para despoluir o rio Sena.
- 1900 – Em Illinois e Chicago, introduz-se o projeto de coleta e disposição dos esgotos, conhecido por *Drainage Canal*.
- 1904 – Nos EUA, os esgotos de 250 mil habitantes eram tratados por esse processo (6 mil habitantes/cidade) em 41 ETEs.
- Na Inglaterra, as cidades de Chesterfield (1901) e Birmingham (1905) utilizam o Filtro Biológico (Percolador ou de Gotas). Na ETE de Lawrence, nos EUA, o Leito Percolador (*Percolating System*) e o Leito de Contato (*Contact Aeration*).
- Lodos ativados – A ideia de imitar a depuração natural provocando aeração foi do químico francês Lauth (1875), que foi aperfeiçoada na Inglaterra por Angus Smith (1882), conforme o relatório *Local Government Board*.
- O sistema foi adotado, subsequentemente, nas cidades de Milwaukee, nos Estados Unidos (1915); de Worschester, na Inglaterra (1916); de Houston, Texas, nos Estados Unidos (1917); e Manchester, na Inglaterra (1924).
- Para residências, na cidade de Vesou (1860 a 1881), Jean Louis Mouras idealizou pequenas fossas de fermentação de esgotos, substituindo os antigos depósitos que necessitavam de frequente limpeza. De acordo com os antigos princípios de Pasteur, procurava-se liquefazer e gaseificar a matéria orgânica, por meio de ação bacteriana anaeróbia. Eram os *Septic Tanks*, que por mais de dez anos foram universalmente usados.
- 1904 – Fossas Cameron solucionaram o problema da lama dos esgotos (somente 30% a 50% do total de matéria orgânica em suspensão era solubilizável e os períodos de detenção de 6h, 12h e 24h); havia estagnação.
- 1905 a 1907 – Tanque Séptico, pesquisas de Karl Imhoff e colaboradores, em Emscher, na Alemanha. O sistema era constituído de dois compartimentos ou caixas superpostas (superior para sedimentação e inferior para a digestão); detenção de 1h a 2h.
- O Tanque Séptico de Imhoff foi usado em Baltimore, nos Estados Unidos (1912); em Birmingham, na Inglaterra (1927); em Emscher, na Alemanha (1927). Na cidade de Nova Jersey, nos Estados Unidos, Willem Rudolfs expandiu o sistema de 1930 a 1940.
- 1945 – Filtro Biológico Rápido – Patenteado como Aerofiltro por Harry Jenks, foi muito utilizado.
- Filtro Halvorson de granulometria reduzida e cargas não elevadas, com infiltradores mecânicos (430 m^3 de ar/m^2/dia).
- Lagoas de Estabilização, Oxidação, Fotossíntese e outras designações, que têm origem nos Tanques de Estrasburgo, na França. Sistemas que utilizam

a energia da luz solar, o oxigênio da fotossíntese das algas e a atividade de digestão da matéria orgânica pelas bactérias.
- Hofer, nesses tanques, promovia uma decantação prévia dos esgotos, reduzindo a matéria sedimentável que era enviada a um sistema anaeróbio. O efluente líquido era destinado a quatro tanques. No último, foram colocadas 700 carpas. Houve redução do número de bactérias, de nitrogênio e demanda bioquímica de oxigênio.
- 1940 – As Lagoas de Aguapé surgiram na década de 1940 utilizando essa planta aquática flutuante. Essa solução, que Dyamond em 1946 dizia ser ecológica, e que Hilman e colaboradores, em 1978, consideravam natural, constitui um risco, em face da fácil proliferação do aguapé (*Eicchornia crassipes*), do risco de aumento de mosquitos e outros problemas, como demonstraram experiências do pesquisadores da CETESB, o órgão ambiental do Estado de São Paulo e do Departamento de Saúde Ambiental da Faculdade de Saúde Pública da USP.
- 1970 – Tratamento Anaeróbio, *UASB* (RAFA).

CAPÍTULO 4

A água e o esgoto sanitário em Roma

Indubitavelmente, os romanos deixaram um admirável legado para a humanidade, principalmente ao assimilar grande parte da cultura grega. No que diz respeito à infraestrutura e ao saneamento, muitas das obras edificadas ainda estão em funcionamento em pleno século XXI.

No século I a.C., Marcus Terentius Varro já especulava sobre a possível existência de pequenos animais invisíveis nos pântanos que poderiam penetrar no corpo pela boca e pelas narinas, causando agravos à saúde.

Os gestores públicos de Roma perceberam a relação saúde-doença com o abastecimento de água e o tratamento de esgotos, possivelmente devido à malária que grassava no Lácio, dizimando 53 populações.

Preciosas indicações técnicas aparecem no livro *De Architectura*, vol. VII, *De Aquae Inventionibus*, de autoria de Marcus Vitruvius Pollio (70 – 25 a.C.), em que são descritas a construção de rodas d'água e obras de drenagem de águas estagnadas, e é indicado o uso dos tubos de barro, pois os de chumbo formam carbonato de chumbo (cerussita).

Coube a Caio Júlio Cesar Otaviano (63 a.C. – 14 d.C.), Augusto ou Cesar Augusto, primeiro imperador romano, construir estradas, aquedutos, galerias e sistemas de esgotos, além do sistema de coleta de águas servidas com tubulações de tijolos e túneis com chaminés de inspeção.

Figura 4.1 – Os aquedutos, obras destinadas ao abastecimento público de água da cidade de Roma, constituem até o presente um exemplo da engenhosidade dos romanos na construção de obras direcionadas ao saneamento básico.

Resumindo, em Roma, os aquedutos levavam água aos reservatórios e destes a tanques menores, com vazões controladas por comportas, privilegiando, primeiro, as fontes públicas, depois, os banhos, e, finalmente, os lares dos mais abastados.

Já em 38 d.C., foi construído o aqueduto de Cláudio e, em 50 d.C., Ateneo realizou estudos recomendando a purificação da água e o uso de filtração simples e múltipla.

Aproximadamente em 50 d.C., Roma apresentava dez aquedutos, como o de Cláudio (38 d.C.) e outros, totalizando 421.950 m (87% enterrados, 2% em estruturas baixas e 11% em arcos).

A história registra que Sextus Justus Frontinus, diretor do serviço de água de Roma, o *curatos aquarium*, escreveu, em 97 d.C., em dois volumes, *De Aquis Urbis Romae*, tratado sobre o abastecimento de água. Esta obra só foi encontrada em 1425 por Gian Francesco Poggio.

Deve ser ressaltado que parcela da chamada Cloaca Máxima (740 m de extensão e diâmetro de 4,30 m), estendendo-se do Capitólio ao rio Tibre, construída por Tarquinius Priscus (580 – 514 a.C.), o Velho, ainda está ativa e operante.

Outro fato digno de registro é que no século IV a.C., Roma possuía 856 banhos públicos e 14 termas, consumindo 750 milhões de litros d'água/dia; e as ruas tinham encanamentos servindo fontes públicas e particulares que pagavam pelo privilégio.

Entre as termas mais famosas estão a de Trajano (104 d.C.), com 8 milhões de litros de água; a de Caracala (212 – 217 d.C.), incluindo 80 mil litros de água e que podia receber 1.500 pessoas; a de Diocleciano (306 d.C.), onde atualmente está uma basílica e o Museu Nacional Romano, e as de Tito e Nero. Nessas instalações, havia: *apodyterium* (vestiário), *tepidarium* (banho tépido), *praefurnium* (fornalhas), *caldarium* (banho quente), *frigidarium* (banho frio) e *sudatorium* (sauna).

Figura 4.2 – Entre as várias termas romanas, as de Caracala passaram a ser o local de encontro da sociedade a partir dos anos 200 d.C., podendo albergar até 1.500 pessoas.

Um episódio interessante no período do domínio romano foi protagonizado pelo imperador Vespasiano, que, em 70 d.C., sitiou a cidade de Jerusalém. Ao que parece, entre outros atributos, ele herdou do progenitor o senso da economia. Naquele tempo, a urina era uma substância muito apreciada para a curtição de peles, e o soberano, visando maiores arrecadações para o erário da coroa, instituiu um imposto taxando esse líquido expelido pelos cidadãos, isto é, uma cobrança sobre o uso das latrinas.

Em certa ocasião, seu filho Tito censurou-o a esse respeito e, então, o imperador, pegando algumas moedas de ouro, aproximou-as do nariz do filho e perguntou: "Exalam algum odor?". Advém desse curioso fato a expressão latina *non olet* – em português, "o dinheiro não tem cheiro, venha de onde vier!" Ao que parece, este é um dos mais antigos processos de reciclagem dos esgotos sanitários, e remunerado.

Contudo, todas as civilizações inexoravelmente passam por uma sequência de alternativas, altas e baixas, que podem afetar a economia e o bem-estar social. O envolvimento em guerras, a deterioração política interna, os gastos excessivos e outros fatores acabam por conduzir à queda e dominação de outros países, como aconteceu com o florescente Império Romano no Ocidente, em 476 d.C.

A partir de então, surgiram novas formas de organização social e de disposição do conhecimento na era medieval. Na chamada Idade Média, que se estendeu por cerca de mil anos, o "conhecimento" permaneceu indisponível à maioria da população, estando praticamente restrito aos mosteiros religiosos.

CAPÍTULO 5

Água, saneamento e saúde pública: da Idade Média aos tempos atuais

No período medieval (séculos V a XV), passou-se a acreditar que as doenças eram consequências de castigos divinos. As instalações hidráulicas, antes administradas pelo estado, passaram a ser de atribuição eclesiástica.

Paradoxalmente, enquanto no Egito, na cidade do Cairo, no século IX, já havia o serviço público de água encanada, somente em 1310 os frades franciscanos iriam permitir que os habitantes da cidade de Southampton utilizassem a água excedente de um convento, que tinha sistema próprio de abastecimento desde 1290. Como se percebe, a titularidade da água se fragmenta nas mãos da aristocracia laica e dos eclesiásticos.

Porém, há o entendimento de que a água é um elemento vital ao desenvolvimento. Na Inglaterra, em 1086, havia 5.624 rodas d'água dos senhores feudais (média de uma para cada 50 famílias), além de moinhos para moagem, tecelagem, tinturaria e curtimento. Assim, o abastecimento de água passou a ser feito com a captação direta nos rios; prática muito diferente da romana, de efetuá-la mais a longas distâncias.

Há, portanto, um formidável retrocesso do ponto de vista sanitário. Acompanha essa situação o costume de se abolir os banhos para higiene pessoal. Estes, infelizmente, não eram recomendados pela Igreja, sob o entendimento de que não se devia expor o corpo, motivo de tentações. Essa postura acarretou um baixo consumo de água para higiene corporal, levando a agravos à saúde.

Em paralelo, por causa de crises econômicas, políticas e religiosas e constantes guerras entre feudos, torna-se frequente a construção de muralhas e fossos ao redor de cidades e castelos, que se transformam em receptores dos dejetos (lixo, urina e fezes), propiciando o aparecimento de inúmeras doenças, como a peste bubônica, a disenteria, entre outras.

A água deixou de ser um recurso ou bem público como era em Roma, e grande parte da população passou a escavar poços no interior das casas e perto de pocilgas e fossas, provocando poluição, contaminação e doenças.

Neste período, iniciaram-se as grandes epidemias. A peste negra ou bubônica, transmitida pela pulga dos ratos, atingiu metade dos habitantes da Europa, com a morte de quase um terço da população. Na Índia, em 12 anos, morreram 10 milhões de pessoas. Outras doenças, como cólera e febre tifoide, também causaram óbitos.

As primeiras iniciativas, na tentativa de mudar esse tétrico panorama, procurando melhorar as condições de limpeza e saneamento das cidades da Europa, começaram a aparecer. Por exemplo, providenciou-se a pavimentação das ruas (Paris, em 1185; Praga, em 1331; Nuremberg, em 1368; e Basileia, em 1387). Gradativamente, retoma-se a construção de sistemas de drenagem, encanamento subterrâneo para águas servidas, fossas domésticas e canais pluviais. Em Artois, na França, em 1126, projetou-se o primeiro poço artesiano, ao passo que as primeiras leis para controle e uso desses serviços tiveram origem no século XIV.

Em 1127, surgiu, em Londres, o primeiro sistema de abastecimento de água encanada provido de canos de chumbo. Mas foi somente em 1455, portanto 328 anos mais tarde, que no Castelo de Dillenburgh, na Alemanha, apareceu a primeira tubulação feita com ferro fundido.

Neste ponto da narrativa, é possível fazer uma reflexão sobre o que ocorreu na Idade Moderna, digamos, no espaço de tempo que se estende da queda do Império Romano do Oriente (Império Bizantino), em Constantinopla, em 29 de maio de 1453, até o final da Revolução Francesa, em 14 de julho de 1789. Neste período, de uma visão estritamente naturalista, passou-se, com Paracelso (1493 – 1543), ao novo conceito de saúde-doença; percebeu-se a relação entre a doença e a ocupação profissional, por exemplo, com a observação da tuberculose fibroide dos mineiros de carvão. Fato marcante foi John Harrington (1561 – 1612) ter convencido a rainha Isabel a instalar em recinto fechado um vaso cloacal, a primeira latrina.

Francis Bacon, na Inglaterra, em 1627, no seu Tratado de História Natural, menciona a necessidade de se proceder a coagulação, clarificação e filtração para conferir à água melhor qualidade.

Em 1673, são traduzidos os livros de Frontinus e Vitrúvio; entre 1630 e 1660, são aperfeiçoadas as bombas hidráulicas e desenvolvidos métodos de medição de vazão, tendo-se o entendimento de que rios e águas subterrâneas são formados pelas chuvas.

Acompanhando essa evolução, começou-se a mudar o modelo de gerenciamento das águas, sendo a distribuição, como ocorria em Paris (século XV), policiada ou gerenciada pela municipalidade. Em 1664, iniciou-se a fabricação de tubos de ferro fundido para distribuição de água canalizada.

Na Idade Moderna, nos séculos XVI, XVII e XVIII, o saneamento passou por uma significativa transição. No século XVI, os mananciais de água sofreram crescente poluição, havia o problema do lançamento dos esgotos e da disposição do lixo urbano. No século XVII, desenvolveram-se os sistemas de abastecimento de água, empregando-se o bombeamento hidráulico, com máquinas a vapor (invenção de James Watt, em 1784), tubos de ferro fundido e recalques de água, com maior ênfase na Alemanha.

Em 1744, na capital francesa, era apresentada a máquina Amy, uma pioneira caixa dotada de leito filtrante.

O ano de 1791 marcou, na Inglaterra, o requerimento de patente, efetuado por James Percock, para reserva de direitos sobre o Filtro Lento, tendo sido o primeiro construído por John Gibb, em 1804, na cidade de Paisley, na Escócia.

Passou-se, então, à Idade Contemporânea, na qual a tecnologia começou a sofrer grande incremento. A Inglaterra, sempre pioneira, instalou redes de esgotos, sendo os resíduos industriais controlados por meio de lei, em 1833. Todavia, é também nesse período que se acentuou a migração da população rural para as zonas industriais, com a formação de periferias onde são péssimas as condições de vida, levando obviamente ao aumento de doenças nas grandes cidades.

Teve início, assim, o predomínio de uma nova visão, em que a "higiene", ou seja, a "saúde pública", dominou o final do século XIX e início do século XX. Na França, implantou-se uma chamada "medicina urbana", saneando cidades e disciplinando a localização de cemitérios e hospitais; houve melhoria das ruas e construções públicas, isolando certas áreas então denominadas "miasmáticas".

A Inglaterra, que, como assinalado, instalou a rede de esgotos e passou a controlar os resíduos industriais, ainda no século XVIII, deu origem à Política Nacional de Saúde, que visa o aumento da riqueza, à industrialização, à extensão do trabalho e à produção como forma de prosperidade.

Deve-se ressaltar, porém, que nesses anos, apesar de todas essas medidas de controle e prevenção gradativamente implantadas, ainda não se conseguiu evitar que houvesse a perda de produtividade em face da degradação ambiental e dos problemas de saúde. Em tais circunstâncias, procurou-se deixar o empirismo para aplicar novos métodos de estudos baseados nas observações e análises estatísticas.

Em 1829, em um texto francês, foi publicada uma notícia em que se prevê a punição e multa ou prisão a quem poluísse os rios com drogas e produtos que, envenenando as águas, matassem os peixes.

O inglês Joseph Bramah (1800 – 1890) inventou e construiu uma bacia sanitária provida de descarga hídrica que já era conhecida desde 1778 e dotada de prensa hidráulica, que foi desenvolvida em 1796.

Figura 5.1 – Vista de primitivas bacias sanitárias (vasos cloacais) públicas, colocadas lado a lado, sem qualquer separação divisória. Seu funcionamento e uso lembram os das "casinhas" ainda existentes em bairros periféricos de grandes cidades e zonas rurais.

Outro inglês, Edwin Chadwick (1800 – 1890), emitiu o relatório *The Sanitary Conditions of the Labouring Population of Great Britain* (As condições sanitárias da População Trabalhadora da Grã-Bretanha, em 1842), dissertando sobre doenças em trabalhadores relacionadas à pobreza, insalubridade e água poluída. Com esse precioso documento, concorreu para estabelecer o Conselho Geral de Saúde (1848).

Nesse período de grande avanço do século XIX, John Snow (1813-1858) demonstrou, em 1854, que a cólera estava associada à água contaminada por fezes, e a infecção podia ainda ocorrer por alimento contaminado. Isto foi observado vinte anos antes das experiências e descobertas dos famosos bacteriologistas Pasteur e Koch, conduzindo a uma nova percepção do problema, a prevenção.

No final do século XIX e início do XX, os novos conhecimentos da microbiologia reforçam a ideia das ações preventivas e curativas, levando à "polícia sanitária", à imunização com as vacinas e ao reforço das medidas e dos sistemas de saneamento.

A sucinta relação a seguir procura sintetizar em ordem cronológica os avanços dos conhecimentos microbiológicos e métodos para tratamento de água, no período descrito:

1744 – Em Paris, instala-se a máquina Amy, pioneira caixa de leito filtrante.

1784 – James Watt inventa a bomba hidráulica a vapor.

1785 – James Simpson usa os tubos de ponta e bolsa.

1791 – James Percock obtém a patente dos Filtros Lentos.

1804 – John Gibb, na Escócia, instala o primeiro Filtro Lento de Areia.

1804 – A Inglaterra usa instalações de ferro fundido.

1810 – Uso de tubo de cobre para ligação domiciliar.

1829 – James Simpson instala o Filtro Lento de Areia.

1842 – Relatório Chadwig, sobre as condições sanitárias na Inglaterra.

1848 – Ato Real de Saúde Pública, na Inglaterra.

1854 – John Snow pesquisa a cólera em poço contaminado de Londres.

1880 – Karl Joseph Eberth isola o bacilo da febre tifoide, a *Salmonella typhi*.

1881 – Carlos Finlay, em Cuba, identifica o mosquito da febre amarela.

1885 – Robert Koch introduz a técnica de contagem das bactérias.

1885 – Theodor Escherichi identifica o bacilo *coli* (*Escherichia coli*).

1895 e 1897 – Charles Hermany e W. Fuller instalam o Filtro Rápido.

1920 – Imhoff inicia o tratamento de águas residuárias.

Registros sobre água, saneamento e saúde pública no Brasil

O Brasil, único país que tem uma verdadeira certidão de nascimento, a Carta de Pero Vaz de Caminha, ao ser descoberto, em 1500, teve uma primeira referência sobre as águas: "Águas são muitas; infinitas. Em tal maneira é graciosa [a terra] que, querendo-a aproveitar, dar-se-á nela tudo por bem das agoas que tem".

Estácio de Sá, 61 anos depois, no Rio de Janeiro, mandou escavar o primeiro poço para abastecimento de água de uma cidade. Em 1673, era dado início às obras de adução de água para o Rio de Janeiro e, em 1723, construía-se o primeiro aqueduto transportando águas do rio Carioca, os Arcos Velhos em direção ao chafariz.

Em 1746, eram construídas e inauguradas linhas adutoras para os conventos de Santa Tereza, no Rio de Janeiro, e da Luz, em São Paulo. Decorridos quatro anos, era terminada a construção do Aqueduto da Carioca, os Arcos Novos, na extensão de 13 km.

Na cidade de São Paulo, o primeiro chafariz data de 1744 e, nos anos de 1790, eles eram construídos pelo famoso pedreiro Thebas. Em 1842, já existiam na cidade quatro chafarizes (Figura 6.1).

Entre 1857 e 1877, o governo de São Paulo, após assinatura do contrato com a empresa Achilles Martin D'Éstudens, desenvolveu o primeiro Sistema Cantareira de abastecimento de água para a capital do Estado.

Figura 6.1 – Entre os chafarizes que existiram na cidade de São Paulo, o mais famoso foi o de Thebas, ou chafariz do Largo da Misericórdia, construído pelo pedreiro Joaquim Pinto de Oliveira Thebas, em 1793.

No Rio Grande do Sul, o sistema de abastecimento de água encanada para Porto Alegre ficou pronto em 1861 e o da cidade do Rio de Janeiro, construído por Antonio Gabrielli, em 1876.

Um grande avanço técnico em tais sistemas aconteceu em 1880, com a invenção do Decantador Dortmund e a pioneira inauguração em nível mundial de uma Estação de Tratamento de Água (ETA), com seis Filtros Rápidos de Pressão Ar/Água, da Companhia Pulsometer, na cidade de Campos, no Rio de Janeiro. Após esse evento, em 1883, esta empresa patenteou na Inglaterra esses primeiros filtros.

Entre 1887 e 1891, com projeto e execução do inglês Robert Norhaton, foi construída a ETA da Companhia Campineira de Águas e Esgotos, com adutora de tubos de aço e filtros lentos, na cidade de Campinas.

Em Santos, coube ao engenheiro Rudolph Hering a responsabilidade, entre 1889 e 1890, de construir serviços de água potável para a Companhia City Santos.

Na cidade de Bofete, também em São Paulo, em 1892, é executado e instalado o primeiro Poço Profundo em território brasileiro. Já na cidade de São Paulo, no ano seguinte, criou-se a Repartição de Águas e Esgotos de São Paulo (RAE), que daria origem, em 1954, ao Departamento de Águas e Esgotos (DAE), posteriormente, em 1967, Superintendência de Saneamento (Sanesp), em 1968, Companhia

Metropolitana de Águas (COMASP), e, finalmente, em 1969, Companhia de Saneamento Básico do Estado de São Paulo (Sabesp).

Em 1893, dois eventos ficaram registrados na história do saneamento brasileiro. O primeiro foi a inauguração do Sistema de Tratamento do Ribeirão Guaraú, utilizando Filtros Lentos, na cidade de São Paulo, e o segundo se refere à instituição da Companhia de Água e Esgoto de Belo Horizonte, em Minas Gerais.

De 1898 a 1917, seria projetado e construído o sistema de abastecimento do rio Cotia, sob a responsabilidade de Theodoro Sampaio, na Região Metropolitana de São Paulo. Nesse meio-tempo, em 1903, Euclides da Cunha entregava o Sistema de Abastecimento do Rio Claro, em Casa Grande, Salesópolis, São Paulo, e, no Rio de Janeiro, J. Eulálio da Silva Oliveira publicou o primeiro livro de hidráulica brasileiro.

Passaram-se dez anos e, novamente, o saneamento no Brasil foi abordado com o arrojado projeto dos Drs. Robert Hoffinger, Robert Mange e Geraldo de Paula Souza, sendo este último o idealizador da OMS e diretor da antiga Faculdade de Higiene, atual Faculdade de Saúde Pública da Universidade de São Paulo (USP). Foi proposto o uso das águas do rio Tietê para abastecimento da cidade de São Paulo, o que, infelizmente, por pressões políticas, não viria a se concretizar. Geraldo de Paula Souza, na mesma época, apresentou e defendeu uma tese sobre a poluição do rio Tietê à jusante da cidade de São Paulo.

Para o Brasil, 1919 constitui um marco histórico, pois o eminente engenheiro Francisco Rodrigues Saturnino de Brito, patrono da engenharia sanitária brasileira, homem técnico, mas dotado de acurada visão ecológica, tendo prestado inúmeros serviços à pátria, utilizou pioneiramente em nosso território, na cidade de Recife, Pernambuco, o tratamento químico da água.

A década de 1920 ficaria também indelevelmente marcada quando, em 1925, o Prof. Geraldo de Paula Souza fez aprovar em São Paulo a obrigatoriedade do uso de cloração das águas de abastecimento do Estado.

Em 1920, na ETA Moinho de Vento, em Porto Alegre, Rio Grande do Sul, foram construídos, instalados e operados pela Ulen Corporation, de Chicago, Estados Unidos, os primeiros Filtros Rápidos de Gravidade no Brasil. Ainda no mesmo ano, em São Paulo, o brasileiro De Lavaud inventou os tubos de ferro fundido centrifugados.

Já em 1940, em pleno período da Segunda Guerra Mundial, o engenheiro W. A. Rein estabeleceu no Brasil uma pioneira indústria de equipamentos destinados ao tratamento de água.

Antecipando as ações dos governos federal e estadual, em 1958, as municipalidades, representadas pelas prefeituras de Santo André, São Caetano do Sul e São Bernardo do Campo, secundadas posteriormente pelas de Diadema e Mauá, todas na Região Metropolitana de São Paulo, criaram a Comissão Intermunicipal de Controle da Poluição das Águas e do Ar (CICPAA). Esta foi atuante por mais de duas décadas, até ser extinta, quando grande parte de seus técnicos – inclusive o autor destas linhas –, passou a integrar os quadros da Sabesp, da CETESB e de outros órgãos estatais ou de natureza particular.

Em 1962, fundou-se no Brasil a primeira empresa pública de abastecimento de água, na cidade de Campina Grande, no estado da Paraíba.

Em 1970, o notável sanitarista e professor da USP, José Martiniano de Azevedo Netto (1918 – 1991), natural de Mococa, São Paulo, introduziu o uso de Filtros Russos, ou Clarificadores de Contato, nos processos de tratamento da água.

Em 1954, quando a cidade-metrópole de São Paulo comemorava o seu quarto centenário, nos Estados Unidos e na Europa, tinha início o uso de compostos químicos conhecidos como polieletrólitos, para acelerar os processos de adsorção e absorção química de partículas dispersas na água, tornando mais rápido e eficiente o tratamento. Tais procedimentos passaram a ser utilizados em São Paulo, desde a década de 1970, com a apresentação da segunda maior ETA do mundo, o Sistema Guaraú, Cantareira.

As análises químicas incipientes a princípio passaram a ser obrigatórias, acompanhando os novos conhecimentos que foram surgindo. Porém, é imperativo dizer que alguns manuscritos em idioma sânscrito, originários de culturas desaparecidas 2 mil anos a.C., relatam cuidados com a água para beber.

Na história do Brasil, há registros de que as primeiras análises e observações feitas em amostras de águas provenientes dos mananciais de abastecimento aconteceram na cidade de São Paulo, realizadas pelo químico e engenheiro Bento Sanches d'Orta, em 1791. No entanto, análises químicas de água, como moderno método, tiveram início no Brasil com o Dr. F. W. Dafert, um austríaco diretor do Instituto Agronômico de Campinas. Deve-se a este pesquisador o estabelecimento do primeiro programa de análises sistemáticas das águas no Estado de São Paulo, de 1893 a 1894.

Outros registros dignos de nota são de 1898, quando os Drs. Mendonça e Bonilha de Toledo apresentaram os primeiros resultados de exames bacteriológicos das águas do rio Tietê, na capital paulista, e de 1911, quando o fiscal de rios de São Paulo, o Dr. José Joaquim de Freitas, alertava já no começo do século XX, no qual o crescimento da população e o desenvolvimento industrial estavam em marcha, que a poluição das águas do rio Tietê estava começando a causar preocupação.

Doenças, é claro, constituem sério motivo de alerta. Nesse sentido, como ressaltado, a preocupação com os agravos à saúde sempre levou os povos a tomarem medidas de precaução. Contudo, a história da humanidade registra grandes mortandades e, às vezes, o desaparecimento de cidades inteiras devido a calamidades, pestes, febres etc. Os registros bíblicos referem-se a vários desses episódios. Com o correr dos anos e o crescimento das cidades, adensando os aglomerados populacionais e o estabelecimento dos contingentes de seres humanos carentes de recursos materiais e de alimentos, completamente desprovidos de quaisquer medidas de saneamento, ou mesmo como ocorreu na época medieval, em que a classe nobre ignorava os conhecimentos e procedimentos mínimos de higiene, aconteceram formidáveis episódios, dizimando milhões de pessoas, tal como a pandemia de cólera ocorrida em 1826, atingindo inúmeros países, ou a epidemia acontecida em 1831, na Inglaterra, que ceifou 50 mil almas.

Essas simples observações são suficientes para reforçar a necessidade da adoção de medidas de saneamento, do desenvolvimento de processos e técnicas como relatado ou da elaboração e instituição de diplomas legais para adoção de padrões que permitam exercer ação coercitiva e estabelecer medidas corretivas e preventivas.

Após e durante alguns dos episódios e eventos relatados, houve maior preocupação com a saúde. Assim é que, em 1854, em comentário que se tornou clássico, John Snow, na cidade de Londres, relacionou as doenças com a qualidade das águas de um poço contaminado. Essa observação seria corroborada mais tarde, quando, em 1880, Karl Joseph Eberth descobriu e identificou a bactéria ou bacilo que provoca a febre tifoide, a *Salmonella typhi*, e já no ano seguinte, Robert Koch introduziu a técnica da contagem de bactérias, para, em 1885, Theodor Escherich descobrir o bacilo *coli*. Esta bactéria, *Escherichia coli*, passaria mais tarde a ser utilizada como indicadora de águas poluídas, em processos rotineiros do controle de qualidade sanitária das águas nos sistemas de abastecimento de água e para verificar a balneabilidade das praias.

Enquanto, em 1887, Pecy e Grace Frankland demonstravam a eficiência da filtração lenta na remoção de bactérias, em São Paulo, o médico e pesquisador, conceituado internacionalmente, Adolpho Lutz ajudava a criar, em 1892, o Instituto Bacteriológico, pioneiramente por ele presidido e que viria a se tornar o atual Instituto Adolpho Lutz.

É importante lembrar que havia um antigo "laboratório de higiene" funcionando, inicialmente, na Rua Brigadeiro Tobias, criado em 1918 pelo convênio firmado entre o Governo do Estado de São Paulo e o *International Board*, da Fundação Rockefeller, conforme relata a Prof.ª Dr.ª Nelly Martins Ferreira Candeias, em *Memória Histórica da Faculdade de Saúde Pública da USP (1918-1945)*, na década de 1920. Em 1923, realizou-se o Primeiro Congresso Brasileiro de Higiene. Tal laboratório daria origem ao Departamento de Higiene em 1921; em seguida, Instituto de Higiene, em 1925; e Escola de Higiene e Saúde Pública, em 1931.Em 1932, tal instituição transfere-se para a Avenida Dr. Arnaldo, 715, integrando-se ao "Centro Médico". Em 1938, o Instituto de Higiene é incorporado à USP, como uma de suas instituições complementares, subordinado à Cadeira de Higiene da Faculdade de Medicina.

No decorrer de 1945, ano em que, por proposta de Geraldo de Paula Souza, foi criada a OMS, o Instituto de Higiene, sob a denominação de Faculdade de Higiene e Saúde Pública (que em 1969 teve o nome alterado para Faculdade de Saúde Pública), passou a constituir uma das unidades autônomas de ensino superior da USP.

A relação cronológica a seguir complementa as informações do texto:

21/03/1722 – Medidas de proteção, que proibiram criação de porcos e cabras na cidade; o excesso de velocidade dos cavalos e o tinguijar de rios ("multa seis mil réis; 30 dias de cadeia; cinquenta açoites" – Acta da Câmara Municipal de São Paulo).

15/01/1738 – Proibido matar peixes na piracema, tinguijar, timbó e redes de arrasto que destroem os peixes pequenos. Aviso fixado nos bairros da Penha e N. S. do Ó (Acta da Câmara Municipal de São Paulo).

07/11/1740 – "[...] não pesquem no rio Thiathe lansinando ou com timbó pelo grande prejuizo que fa aos peixes de que pello tempo adiante avera falta a este povo padisera" (Multa de seis mil réis e 30 dias de cadeia). Afixar nos bairros da Penha, N. S. do Ó, Senhora Santa Anna (Acta da Câmara Municipal de São Paulo).

1744 – O convento de São Francisco já tinha abastecimento de água.

1744 – Construção do primeiro chafariz para abastecimento público pelo pedreiro Cypriano Funtan no Anhangabaú (desativado em 02/12/1744, pois não havia água; depois foi construído outro).

1746 – Inaugurada a linha de abastecimento para o Convento da Luz.

1790/1791 – Chafarizes eram desenvolvidos pelo famoso pedreiro Thebas.

1791 – O químico e engenheiro Bento Sanches d'Orta analisa a água de fontes e chafarizes. Neste ano, roubaram os canos de bronze do chafariz São Francisco.

1792 – Erguido o chafariz do Largo da Misericórdia, pelo pedreiro Thebas, com quatro torneiras de bronze, abastecido com águas do rio Anhangabaú.

1793/1860 – A população recorria também às águas do rio Tamanduateí, já comprometidas e que eram oferecidas em pipas de 20 L, à porta, por 40 a 80 réis o barril.

> Um aguadeiro português que vendia água em barris na época do Brasil colônia dizia: "As águas são boas; o povo é burro; as águas são deles e nós lhas vendemos."

1814 – Construções pelo Marechal Daniel Pedro Muller do chafariz do Piques e o do obelisco na Praça Triangular da Memória (este até hoje existente).

1828 – Reconstrução do chafariz São Francisco, que passa a se chamar Curso Jurídico, e, em 1831, Liberdade.

1842 – Na cidade de São Paulo, havia quatro chafarizes.

1857 e 25/06/1877 – Companhia Cantareira de Águas e Esgotos, pioneira no abastecimento de água da capital paulista. Este sistema foi construído pela empresa *Achilles Martin D'Éstudens* e explorado por Daniel Makinson Fox, Antonio Proost Rodovalho e Benedito Antonio da Silva.

1867 – Henrique Azevedo Marques idealiza e implanta o ramal de adução com tubos de papelão impregnados de grossa camada de betume, usados por oito anos até 1875.

1880 – São Paulo com 30 mil habitantes.

1881 – São Paulo possuía o Reservatório da Consolação, rede e chafarizes Largos da Luz, São Bento, 7 de Setembro, Braz, Guaianazes e 7 de Abril (Praça da República) – Henry Batson Joyner.

1882 – Cobrança de taxas de consumo de 133 casas e, em 1888, 5 mil ligações.

1887/1891 – ETA da Companhia Campineira de Águas e Esgotos, com adutora de tubos de aço e filtros lentos (por Robert Norhaton).

1889/1890 – Serviços de água da Companhia City Santos (por Rudolph von Hiering).

1890 – São Paulo com 60 mil habitantes.

1892 – São Paulo com 120 mil habitantes.
Primeiro poço profundo em território brasileiro, em Bofete, São Paulo. Adolpho Lutz cria o Instituto Bacteriológico, o Instituto Adolpho Lutz.

1893 – Cria-se em São Paulo a RAE; em 1954, passa a se chamar DAE; depois, em 1967, Sanesp; em 1968, COMASP; e, finalmente, em 1969, Sabesp.

1893 – Sistema de Tratamento de Águas do Ribeirão Guaraú.

1893/1894 – Programa de análises químicas sistemáticas das águas do Estado de São Paulo (pelo químico F.W. Dafert, diretor IAC).

1898 – Primeiros exames bacteriológicos das águas do rio Tietê (pelos Drs. Mendonça e Bonilha de Toledo).

1898/1917 – Sistema de Abastecimento de Águas do Rio Cotia (por Theodoro Sampaio).

1903 – Sistema de Abastecimento de Águas do Rio Claro, em Casa Grande, Salesópolis (por Euclides da Cunha).

1911 – Relatório sobre a Poluição do rio Tietê (pelo fiscal de rios, José Joaquim de Freitas).

1913 – Proposta para uso das águas do rio Tietê para abastecimento (por Robert Hoffinger, Robert Mange e Geraldo de Paula Souza).

1918 – Criado o Laboratório de Higiene na Rua Brigadeiro Tobias, hoje Faculdade de Saúde Pública da USP (pelo governo do Estado de São Paulo e a Fundação Rockefeller).

1920 – O brasileiro De Lavaud inventa os tubos de ferro fundido centrifugados.

1925 – Geraldo de Paula Souza faz aprovar lei para uso obrigatório da cloração em águas de abastecimento.

1933 – ETE da Ponte Pequena (para estudos e tratamento).

1934 – Lei n. 10.890 (de 10/01/1934). Esta foi a primeira legislação específica para o controle da poluição das águas, cria-se a Comissão de Investigação das Águas do Estado de São Paulo.

1937 – ETE do Ipiranga, Rua do Manifesto (por João Pedro de Jesus Neto).

1940 – W.A. Rein estabelece uma pioneira indústria de equipamentos destinados ao tratamento de água.

1947/1959 – ETE Vila Leopoldina.

1953 – ETE Pinheiros.

1958 – Padrões de potabilidade das águas do Estado de São Paulo.
Criada a CICPAA, no ABCDM (ABC paulista, Diadema e Mauá).

1968 – Criado o CETESB, que passou a ser Companhia de Tecnologia de Saneamento Ambiental e, atualmente, Companhia Ambiental do Estado de São Paulo.

1970 – Introdução dos Filtros Russos ou Clarificadores de Contato no tratamento da água (por José Martiniano de Azevedo Netto).
Uso de polieletrólitos na ETA do Guaraú.

A vinda da família imperial em 1808 para o Rio de Janeiro alterou o provinciano quadro, pois, em vinte anos, a população duplicou, atingindo 100 mil habitantes na cidade em 1822, e assim aumentando as demandas de água e a necessidade de coleta e eliminação do lixo.

A evolução tecnológica dos países da Europa e a necessidade de intercâmbio comercial induziam à melhoria das condições sanitárias dos portos, principalmente do Rio de Janeiro e de Santos. Dom Pedro II contratou, então, os ingleses para estudar e implantar a rede de esgotos para as principais cidades brasileiras, os quais encontraram situação diferente com o clima tropical, variações do terreno etc. Adotaram assim um inédito sistema com galerias que recebiam esgotos domésticos e apenas vazões de águas pluviais das áreas pavimentadas interiores aos lotes (telhados, pátios etc.), criando o Sistema Separador Parcial e reduzindo os custos de implantação e as tarifas pagas pelos usuários.

Ao findar o Império e iniciar a República, o comércio e os serviços de utilidade pública permaneciam subordinados ao capital estrangeiro, principalmente inglês, havendo algumas concessões à iniciativa particular.

No Rio de Janeiro, embora tenha sido a quinta cidade no mundo a adotar, em 1864, o sistema de coleta de esgotos, as redes cobriam apenas núcleos centrais urbanos, atendendo uma pequena parcela da população, o que perdurou até o século XX. Havia também rede de água de abastecimento, mas igualmente incipiente, até o advento da industrialização no período da Primeira Guerra Mundial.

Ao término da Primeira Guerra Mundial, ocorreu o declínio da influência estrangeira nas concessões de serviços públicos, pois havia insatisfação com o atendimento e a falta de investimentos necessários à ampliação das redes de água e esgotos.

Outro problema era o incremento da degradação (poluição e contaminação) dos mananciais hídricos por causa da industrialização, da urbanização e do crescimento populacional.

Na década de 1950, a migração da população, adensando as zonas urbanas induz a formação de periferias pobres, com pouca qualidade de vida, gerando conflitos sociais e contínua exaustão dos recursos naturais.

Então, na década de 1970, criou-se o Plano Nacional de Saneamento (PLANASA) e as companhias estaduais de saneamento.

CAPÍTULO 7

Fatos pitorescos na história do saneamento em São Paulo

Em 1986, ao ensejo das comemorações dos 50 anos da Revista DAE, tradicional publicação que reunia comunicações e trabalhos sobre saneamento e meio ambiente, periodicamente editada pelo antigo Departamento de Águas e Esgoto de São Paulo (atual Sabesp) e ainda hoje de ampla circulação, inclusive no exterior, publiquei em coautoria com o eminente biólogo e professor titular da USP, Samuel Murgel Branco, a historiadora Beatriz Retondini Assumpção e a assistente social Lúcia Cardinale Opdebeeck um extenso artigo intitulado *Episódios pitorescos selecionados da história do saneamento em São Paulo*, no qual era enfatizado que a história de uma nação ou de uma cidade – mesmo uma temática, como a das águas e do saneamento – compõe-se de episódios heroicos e pitorescos.

De fato, a história do saneamento no Brasil teve seus episódios heroicos, como os que se contam de Theodoro Sampaio, que foi até apedrejado ao instalar "água encanada" na Bahia. Muitos outros foram vividos, na área médica, por Oswaldo Cruz, Emilio Ribas, Carlos Chagas e tantos mais. Naturalmente, como se ressalta também no referido artigo, esta história teve, outrossim, seus heróis anônimos, os mateiros na caça aos mosquitos, coletores de "amostras de água" ou cavadores de valas de drenagem.

Enfim, uma substancial parte daquele artigo vai aqui quase literalmente transcrita, inserindo-se de quando em vez alguma informação adicional.

As observações a respeito da qualidade de nossas águas são muito antigas; datam do documento da descoberta, redigido pelo "escrivão da armada" de Cabral, Pero Vaz de Caminha: "Águas são muitas; infinitas. Em tal maneira é graciosa [a terra] que, querendo-a aproveitar, dar-se-á nela tudo, *per bem das agoas que tem*".

Antes de serem condutores de bondes ou donos dos armazéns de secos e molhados, empórios e quitandas, muitos portugueses – mais tarde vieram os italianos –, ainda no tempo do Brasil Império, dedicavam-se à profissão de aguadeiros, ganhando, ao que parece, bom dinheiro. Pelo menos é o que se conta de um relato enviado à Corte, por um desses nossos antepassados (de sangue e de profissão deste autor), que indicava sobre a facilidade com que aqui ficavam ricos: "As águas são boas; o povo é burro; as águas são deles e nós lhas vendemos [...]".

Mas a figura dos aguadeiros, ou aguadeiros mirins, na maioria portugueses, é preciso lembrar, existiu também no Nordeste do Brasil, com predomínio entre 1590 e 1650.

Figura 7.1 – Entre as várias profissões que existiram no Brasil colonial, como o peixeiro, o acendedor de lampiões de óleo de baleia e a gás e outras, uma das mais típicas foi a dos aguadeiros, que vendiam água de porta em porta, estocada em barricas.

Deve ser lembrado que a cronologia da história de São Paulo acha-se, felizmente, bem documentada, principalmente pelo esforço de vários historiadores, entre eles, Tito Lívio Ferreira, Manoel Rodrigues Ferreira, Belmonte, Hernani Donato, Geraldo Sesso Jr., Douglas Michalany e Nuto Sant'Ana, para lembrar apenas de alguns. Este último foi o primeiro secretário da Revista do Arquivo Municipal, criada em 1934, e que durante anos divulgou preciosos documentos do Arquivo do Município, acervo a que recorremos para colher informações sobre a história do saneamento em São Paulo. Por sinal, esta inclui já no seu começo um rumoroso "caso", do qual foram protagonistas o filho de João Ramalho e o não menos truculento João Fernandes que, segundo o que está relatado nas Atas da Câmara, em julho de 1580, esteve na iminência de ser preso ou pagar 200 réis de multa, pena esta imposta aos que, em 15 dias, "não *alimpassem* os seus *chães*".

As Atas da Câmara de Santo André da Borda do Campo registram assunto de interesse para o saneamento e a ecologia, conforme o relato de 20 de setembro de 1557, quando o procurador do conselho informava aos oficiais, em nome do povo, que "a mandioca expremida matava os suínos e não raro escorria para a aguada onde bebiam os homens". Esse alimento era usado na produção de farinha e, talvez, até mesmo da maniçoba, uma vez que este era o nome de uma importante aldeia da região. No mesmo documento, seguia requerendo: "como estavam em esta mesma Vila e morriam de fome e passavam muito mal e morria o gado, que se fossem dentro do termo dela, de longo de algum rio". Em 1560, Mem de Sá, atendendo à petição geral, determinou a mudança para "junto da Casa de São Paulo, que é dos Padres de Jesus".

Em 1576, para proteger as fontes e bicas d'água do Anhangabaú (Jacuba, Açu, Gayo, Guarepe, Moringuinho, Santa Luzia, Chácara do Machado e Quintal do Colégio), que abasteciam a cidade de São Paulo, resolveu a Câmara "punir os jovens que fossem encontrados pegando alguma mulher" junto a esses mananciais. Mas, em 1613, os cuidados ainda persistiam, pois a ordem era de que "nenhum mancebo de 15 anos para cima fosse às aguadas ou fontes da Vila".

Todavia, a propósito da água, de sua qualidade e de seus cuidados no Nordeste, o médico William Pies, da Corte de Mauricio de Nassau, dizia, em 1648:

> Os velhos naturais são menos solertes em distinguir pelo gosto as diferentes águas, que os nossos em discernir as várias qualidades dos vinhos, acusam de imprudentes os que colhem água sem de nenhum modo as discriminar. Quanto a *êles* usam as mais tênues e doces, que não deixam nenhum depósito e as conservam ao ar livre em lugares elevados por dias e noites, em bilhas de barro, onde não obstante os raios a prumo do sol se tornam, num momento, *mui* frescas. (ROCHA, 1997, p. 66).

Em São Paulo, no início do século XVIII, são inúmeros os editais proibindo a criação de porcos e cabras na cidade, o excesso de velocidade no trânsito a cavalo e o "tinguijamento" dos rios. Um dêles, infelizmente danificado, aqui transcrito, singularmente reúne as três proibições e é datado de 21 de março de 1722:

> Os Oficiais do Senado da Câmara desta... Paulo... e seu termo o presente ano pelo... Sua Majestade que Deus guarde... por nos constar que nesta cidade andam e passam muitas pessoas a cavalo com carreiras e andaduras despedidas com muito risco de atropelar... assim meninos e homens e mulheres como já se tem visto. E outrossim que no... e termo desta cidade costumam muitas pessoas botar tinguijadas nos rios para matarem o peixe dele o que tudo é em grande prejuízo dos moradores e criadores de gados que bebem e costumam andar e beber nos tais rios e lagoas e ainda

aos mesmos moradores e passageiros que neles bebem. Como... nesta cidade e pelas ruas dela andam porcos com muita indecência arruinando os muros e fazendo outros prejuízos e desejando nos evitar estes danos fazemos saber a todas as pessoas de qualquer qualidade grau ou condição que sejam assim moradores nesta cidade como em seu termo que daqui em diante nenhum entre nem passe nesta cidade e suas ruas e becos a cavalo com carreira ou andadura despedida nem de passo apressado mas que somente com passo devagar como também que nenhuma pessoa assim brancos como negros não tornem a mais botar tinguijadas nos rios ribeiros e lagoas do recôncavo e termo desta cidade pelo prejuízo que causam e outrossim que os moradores desta cidade não consintam que por ela andem porcos nem leitões pelas causas acima referidas com pena de que todos os que forem compreendidos no que por este edital proibimos serão condenados em seis mil réis para as despesas do Conselho e a terça parte para quem o acusar ou denunciar pagar com trinta dias de cadeia sendo brancos ou sendo negros ou... açoitados com cinquenta açoites... meirinho e constar do que por seus... ministradores são consentidos serão estes obrigados a mesma pena que acima se da aos brancos e para melhor se evite o andarem mais porcos nesta cidade mandamos que qualquer pessoa os possa livremente matar e aproveitá-los e saindo-lhe seu dono ora impedindo-o este pagara a dita condenação e pena que lhe está imposta. E para que em nenhum tempo possam alegar ignorância mandamos que este quartel se publique [...]. (BRANCO et al., 1986, p. 348).

Entre 1763 e 1838, houve preocupações com o problema das águas da cidade, que já começava a receber esgotos. José Bonifácio de Andrada e Silva e Martin Francisco Ribeiro de Andrada chegaram a elaborar extensos relatórios alertando para a situação do saneamento dos rios Tamanduateí, Tietê e Pinheiros.

Porém, nos anos 1700, ao lado da preocupação com as águas, havia ainda o grande problema de saúde pública representado por doenças como varíola, sarampo, etc. Inúmeros são os editais sobre "Bexigas". Uma publicação de 1º de maio de 1736 enfatizava: "A todos que trazem escravos para a capital, entrando pela paragem do Córrego Lavapés ou os que vêm de Minas Gerais ou da Vila de Parati, no Ribeiro de Santo Antonio [...]", havia a exigência de submeter-se a um exame médico para avisar o dono do contágio das bexigas e sarampo, pois, "[...] sendo estas duas espécies tão prejudiciais a todo este povo por descuido dos ambiciosos negociantes que temerariamente se metem as escondidas a fazer tão grande prejuízo [...]".

Medidas desse teor vinham sendo adotadas desde 1730 com relação aos escravos que eram trazidos do Rio de Janeiro, via Parati, os quais eram examinados no citado Ribeiro de Santo Antonio, e os de Santos, no Moinho Velho. Assim mesmo, em outubro daquele ano, irrompeu na cidade o surto de varíola. Rumoroso escândalo envolveu, então, o nome do horrível capitão-general Caldeira Pimentel, "que assolava os paulistas" (na expressão de Affonso de Taunay). Este, apesar dos esforços da Câmara em proceder o isolamento dos primeiros doentes, acobertara uma alta personalidade da época, o tenente-general Manuel Rodrigues de Carvalho, que escondia enfermos em sua propriedade.

Em 8 de fevereiro de 1731, a Câmara não pôde se reunir, pois "não *avia* vereadores por estarem todos fora com pavor das bexigas". Apenas permaneceram em seus postos o juiz ordinário Antonio Paulo Duarte e o procurador Pedro Taques Pires. Em maio e julho, a situação agravou-se. Duarte e Pires não podiam se reunir com seus pares, "não *avia* com quem se fizesse vereação". Em 14 de julho, o procurador de Duarte requereu que fossem intimados os "medrosos colegas a fazer suas obrigações". Em janeiro de 1732, eram convocados "vereadores emprestados", de vez que não mais era possível administrar a cidade.

Retomando o saneamento e a ecologia dos recursos hídricos da cidade de São Paulo, vamos lembrar da proibição da pesca com timbó e outros processos danosos, principalmente durante a piracema.

Como estudado, a preocupação com a proteção aos peixes dos rios, manifestada por meio de atos oficiais proibindo o "tinguijamento", é bastante antiga, como é também a pesca de arrasto, sobretudo em épocas de piracema. Esta restrição é característica da então pequena aldeia, cortada por rios piscosos (originando o próprio nome de Piratininga), mas já sofrendo os primeiros efeitos da "civilização", isto é, de uma ocupação feita de forma incompatível com os recursos naturais disponíveis. É o que se nota, por exemplo, no seguinte edital proclamado em 15 de janeiro de 1738:

> Os Oficiais do Senado da Câmara desta Cidade de São Paulo que presentemente servimos por eleição e bem das ordenações de S. Magestade, que Deus guarde... etc... atendendo nos a que todos os moradores assim desta cidade como dos fora dela possam ter peixe todo o ano em mais abundância do que aqui evitando as piracemas de todos os anos pois com estas se destrói e mais se perde do que se aproveita isto em um ou dois dias do que em um ano quando mandam as águas fora dos rios, e se nos haver requerido que evitemos a dita piracema, pelo que ordenamos e mandamos a todas as pessoas de qualquer qualidade que de hoje em diante não matem peixe em as piracemas como até aqui e nem botem tinguijadas nem timbó, nem usem de zanbuizarras nem de redes de arrasto que destroem os peixes pequenos nos rios de nenhuma maneira com pena de pagar cada pessoa que o fazer seis mil réis de condenação a terça parte para quem acusar e as duas para as despesas da Câmara e além disso, trinta dias de cadeia e se tirará além disso cada ano uma devassa para virmos no conhecimento das pessoas que obrem contra este edital e para que venha a notícia de todos e não possam alegar ignorância, mandamos que se publique este por todas as ruas desta cidade que será registrado deste Senado e depois fixado na parte mais pública dela e se farão mais dois deste teor para se fixar um no bairro da Penha e outro em Nossa Senhora do Ó. Dado e passado [...]. (BRANCO et al., 1986, p. 348).

O pescado do rio Tietê mereceria ainda proteção por intermédio de quatro editais de 7 de novembro de 1740. Destes, é aqui transcrito aquele referente à pesca por meio de rede ou de timbó no rio Tietê:

Os Oficiais do Senado da Câmara desta Cidade de São Paulo que de presente servimos por bem das ordenações de Sua Magestade que *Deos guarde Saa*... Por este nosso edital indo primeiro por nos *asignado* e na forma *dell* fazemos a saber a todas as *pesoas* desta cidade não pesquem no Rio *Thiathe lansiando* ou com *timbó pello* grande prejuizo que *fa* aos peixes de que *pello* tempo adiante *avera* falta e este povo padisera, pena de que o que faltar a este noso edital ser condemnado em seis mil réis e trinta dias de cadeia; e a metade das *condemnasão* para quem os acusar e outra metade para as *dispesa da Camara*; e para não alegarem *ignoransia* mandamos *pasar* o presente edital [...]. (BRANCO et al., 1986, p. 348-349).

Os outros três editais têm teor idêntico, porém, em lugar de "*pesoas* desta cidade", mencionam, respectivamente, "*nenhûa pesoa* do destrito de *Nosa* Senhora do Ó"; "*pesoas* do *bairo* da Penha" e "*pesoas* do *bairo* da Senhora Santa Anna".

Além das fontes, é necessário dissertar sobre os rios, córregos e riachos da cidade de São Paulo. A respeito disso, há inúmeros registros versando sobre a hidrografia da região metropolitana. Entre esses, é interessante a descrição sobre os rios e riachos da cidade feita pelo engenheiro Gastão C. Bierrenbach de Lima, em seu artigo "Notícia histórica geográfica da hidrografia de São Paulo de Piratininga", na Revista do Instituto Geográfico e Geológico, entre janeiro e março de 1946:

Da barra do Piratininga (depois Tamanduateí) para cima, desaguavam na margem esquerda o Anhembi (depois Tietê), os Córregos Aricanduva, Itaquera e Guaió, bem como o Ribeirão Taiassupeba. Na margem esquerda do Piratininga desaguavam os Córregos Ipiranga, Cambuci, Lavapés, Ribeirão Anhangabaú, tendo este por tributários os Córregos Saracura Grande, Saracura Pequeno (Bexiga) e a Aguinha do Iacuba. Na zona sul, limitando o trecho do planalto, aqui considerado, corria o Geribatiba (ou Jurubatuba ou Rio Grande) cujas cabeceiras ficavam ao nascente do Santo André e seu curso passava ao sul desse povoado, levando suas águas até ao Guarapiranga (Pinheiros). A pequena povoação lançada pelos jesuítas, próximo da taba de Tibiriçá, como sentinela avançada, foi crescendo, a princípio vagarosamente, depois tornou-se Vila, ostentando casas alinhadas à beira de vários caminhos que aí foram estabelecidos. As coberturas de palha foram aos poucos sendo substituídas pelas de telhas de barro, as paredes de mão por taipas e mais tarde por alvenaria de adobes. São Paulo de Piratininga crescia continuadamente, assim foram surgindo as primeiras ruas: 15 de Novembro, Direita, São Bento, Falcão, Florêncio de Abreu, Brigadeiro Tobias, Ladeiras Porto Geral, Constituição e João Alfredo; ruas Consolação, Santo Amaro e em sua continuação seguia a estrada do Caaguaçú, pela atual Brigadeiro Luiz Antonio. (LIMA, 1946, p. 85).

Para o antigo bandeirante que, de improviso, voltasse à cidade de São Paulo, fato surpreendente seria o de que a hidrografia, considerada em geral como um dos mais estáveis e definidores parâmetros geográficos, segundo o Dr. Samuel Murgel Branco, foi totalmente alterada à medida que o controle dos recursos hídricos passou a ser dominado pelos interesses energéticos que ainda, ou principalmente, no momento atual, se sobrepõem às próprias conveniências da saúde pública, para não dizer da ecologia, da preservação de peixes etc. Atualmente, é o rio Tietê, às vezes um afluente importante do rio Pinheiros, e este o mais importante tributário do rio Cubatão, na Baixada Santista. Quanto aos municípios situados à margem do rio Tietê à jusante de São Paulo, eles quase não recebem mais águas desse rio e, aliás, nem as querem receber, carregadas que estão de todas as imundícies da Grande Metrópole.

Em minha tese de livre-docência na USP, de 1984, e, posteriormente, em 1991, no livro *Do lendário Anhembi ao poluído Tietê*, tive a oportunidade de dissertar sobre a desdita de nosso principal rio metropolitano. Este foi acompanhado pelo soterramento de cerca de 1.500 córregos e ribeirões que se tornaram, infelizmente, poluídos, verdadeiros canais de esgotos a céu aberto, reservando-lhes o destino imposto pelo homem, uma sina bastante diversa à daquelas coleções hídricas de várias cidades da Inglaterra, da Holanda e outras, nas quais a paisagem permaneceria para sempre indelevelmente marcada pela presença de seus belos corpos d'água.

Estudou-se que, praticamente desde a fundação da cidade de São Paulo, havia preocupação em manter-se a qualidade dos primitivos mananciais, o que, contudo, ainda assim, lamentavelmente, não foi suficiente para garantir a preservação das condições sanitárias das águas.

Uma súmula muito interessante sobre o abastecimento de água de São Paulo é encontrada em Affonso A. de Freitas, do Instituto Histórico e Geográfico de São Paulo, em seu *Dicionário histórico, topográfico, etnográfico ilustrado do município de São Paulo*, de 1929. Assim descreve o grande historiador:

O abastecimento de água à população paulistana foi sempre, desde os primórdios da povoação, deficiente e precário, não pela escassez do óxido vital, que as encostas do planalto em que se elevava a incipiente cidadezinha de São Paulo do Campo, foram sempre ricas de nascentes de água cristalina, porém pela dificuldade de sua captação e transporte. Nos primeiros tempos da colônia, os habitantes vilarengos iam-se abeberar nas fontes que brotavam pelos declives da montanha e também nas afluências da margem esquerda do Anhangabaú, e por mais de duzentos anos fizeram as despesas desse abastecimento primitivo, as nascentes da Iacuba, no centro do hoje Largo do Paissandú, as biquinhas, como então já se chamavam genericamente as nascentes do Açú, do Gayo, as do quintal do Colégio, o do Guarépe, depois conhecida por Miguel Carlos e famosa pela sua pureza, a do Moringuinho, ainda existente e de renome igual à antecedente, a de Santa Luzia, milagrosa, segundo a crendice popular, sobretudo na cura das oftalmias, a da Chácara do Machado, a do Coronel Francisco Xavier dos Santos e ainda outras as quais, diminuindo de volume nas estiagens prolongadas, eram socorridas na missão de mitigar a *sêde* dos primitivos paulistanos, pela torrente do Anhangabaú e até pelas águas lodosas do Tamanduateí.

Quem primeiro pôs em prática em São Paulo o sistema de adução de água por condutos ou derivação foram os frades de São Francisco. Em 1744 já o claustro e também a cerca do convento franciscano dispunham de copioso fornecimento de água potável canalizada, com sobras abundantes que os frades pretendiam encaminhar para o uso público, fora do Convento. Nesse propósito contrataram com o mestre pedreiro Cypriano Funtan, a construção de uma fonte de pedra com duas saídas de água, dentro da cerca, para uso privado da comunidade e de um conduto que despejasse fora do Convento as sobras de água, encaminhando-as para uma fonte pública que deveria ser construida de pedra de cantaria, comportando dois jatos que teriam saída por torneira livre ou cano de bronze: todas essas obras foram orçadas em 400$000 havendo os franciscanos, representados pelo respectivo guardião, solicitado à Câmara o auxílio, a título de "ajuda de custo", da importância de 300$000. Prontamente foram os frades atendidos, mandando a Câmara que se lhes consignassem o rendimento do açougue até serem embolsados da importância total solicitada.

Em setembro, ainda de 1744, embora continuasse vigorando o contrato firmado entre a Câmara e os reclusos de São Francisco, para a construção do chafariz público, a Edilidade paulistana entra em entendimento direto com o pedreiro Cypriano para a construção de outro chafariz: nesse sentido, firma, em vereança de 23, contrato pelo qual aquele artífice se comprometia a construir "na paragem chamada Inhangavaú, da parte de lá do ribeiro, uma fonte de pedra e cal, boa, larga e capaz de serventia do povo, na passagem do dito ribeiro Inhangavaú, aterrado o sítio com capacidade de ficar vistosa a fonte, que teria doze palmos em quadra de chão lageado, duas pias boas, de pedra, e mais capaz com frontespício de doze palmos em quadra com sua cimalha bem feita, com pirâmide e cruz, tudo de cantaria, de boa pedra, e toda a obra à satisfação [...]". (FREITAS, 1929 apud ROCHA, 1997, p. 73-74).

"Esta obra útil e que, sem dúvida, seria notável para a época" – continua Affonso de Freitas – "não chegou a ser levada a efeito porquanto, para seu abastecimento, não havia água". É o que nos informa, em seu laconismo, a nota exarada a 2 de dezembro de 1744, à margem do termo de vereança de 23 de setembro: "Não teve efeito este termo por falta de água".

Entretanto, o historiador prossegue esclarecendo que água havia, não só aquela que poderia ser captada no Alto Anhangabaú, como a do Mandiocal, cabeceira do Saracura, ambos aduzíveis por gravidade para o projeto do chafariz. Ao que parece, porém, o intuito da Câmara, de mãos dadas com o mestre pedreiro, foi apenas o de advertir os franciscanos da necessidade de promoverem o início da obra a que se haviam comprometido levar a efeito e cujo prazo de determinação estava se aproximando. Se assim era, a Câmara conseguiu plenamente o seu intento, porque os frades, metendo mãos à obra, em breve, construíram o primeiro chafariz para o primeiro abastecimento público da cidade, e o fizeram com rigorosa observância das cláusulas contratuais.

Instalado junto à Baixada do Anhangabaú, no ponto em que hoje se abre o Largo do Riachuelo, em 1791, este chafariz teve seus canos de bronze furtados. Reconstituído, foi, no entanto, desativado nos primeiros anos do século XIX, quando então os moradores passaram a se servir da tradicional "água da cerca de São Francisco", um chafariz entregue ao uso público em 1828. Conhecido como Chafariz do Curso Jurídico, em 1831, passou a ser denominado da Liberdade, em alusão aos sucessos políticos que redundaram na abdicação de Dom Pedro I.

O exemplo do Convento de São Francisco seria seguido após a reconstituição do Recolhimento de Santa Tereza, aduzindo-se água do rio Anhangabaú, com abertura, em 1746, de um rego coberto com pedras soltas (único sistema de aqueduto na época), que se estendia desde o alto do atual bairro da Liberdade até ao Recolhimento de Santa Tereza.

Esse sistema iria motivar constantes reclamações da população contra a lama, os charcos e o deplorável estado das vias públicas eivadas de buracos, principalmente as ruas Santa Tereza e a descida do Carmo em demanda do Tamanduateí. O espraiamento das águas transformava vários trechos em pântanos, levando ao extremo de se pretender mudar a Ladeira do Carmo para um outro sítio.

Tentando solucionar o problema e a pedido do próprio prior, as sobras de água do Recolhimento foram encaminhadas para a cerca do Convento do Carmo. Todavia, rapidamente, os males voltaram, pois as águas precipitavam-se diretamente ao rio Tamanduateí, cavando, em seu contínuo rolar, uma profunda grota pelo desbarrancamento da Rua de Santa Tereza e Ladeira do Carmo, o "Buracão do Carmo", como ficaria conhecido.

Finalmente, em 1791, surgiu a primeira tentativa racional e eficaz para a realização do abastecimento público de água em São Paulo. Foi em janeiro daquele ano que o capitão-general Bernardo José de Lorena enviou à Câmara da Capital as análises das águas das diversas nascentes de uso público, realizadas por sua ordem pelo engenheiro Bento Sanches d'Orta, determinando também obter informações sobre a possibilidade da utilização da chamada "água dos padres de São Francisco", para atender à demanda de um chafariz na cidade. Efetivamente, em 1792, ergueu-se o chamado chafariz do Largo da Misericórdia, construído pelo conceituado e famoso pedreiro Thebas, jorrando por quatro torneiras de bronze as límpidas águas do Anhangabaú, captadas na altura da atual Rua de Santa Madalena, na Liberdade.

Contudo, essa obra de arte era abastecida através de um aqueduto extremamente rudimentar, que era uma simples valeta revestida e mal coberta de pedra, transvazando por quase toda a sua trajetória. Isso levou o comandante da Legião de Voluntários Reais a solicitar à Câmara, em 1793, permissão para derivar um canalete de adução geral, a fim de aproveitar, em benefício do quartel, as sobras de água que se perdiam por diversos pontos da linha principal em prejuízo do trânsito público.

Entre 1793 e 1860, porém, pouco ou nada foi realizado para a melhoria do fornecimento de água à população. O seu natural crescimento fazia com que, em proporção equivalente, fosse possível sentir a escassez do líquido, obrigando os cidadãos a recorrerem a águas "suspeitíssimas" do rio Tamanduateí. Essas eram oferecidas em pipas, à porta, por um preço variável de 40 a 80 réis o barril de 20 L.

O historiador cita também uma série de projetos visando o reforço do abastecimento de água, utilizando vários ribeirões, entre os quais o Cambuci (conhecido como Avacambuí) e o histórico Lavapés, projetos estes que nunca chegaram a ser realizados, muito provavelmente pela simples razão de que esses pequenos rios se localizavam em um nível inferior ao da cidade.

Mas, em 1814, foi construído o chafariz do Piques (atuais Ladeira e Largo da Memória, próximos à Praça da Bandeira) pelo marechal Daniel Pedro Muller, sob a determinação do governo provinciano, tendo como complemento o Obelisco, até hoje existente no centro da Praça Triangular da Memória.

Um outro projeto, de setembro de 1842, pretendia captar uma série de nascentes nas alturas da Pólvora, seguindo para o centro, atingindo o Largo de São Bento, Rua Cruz Preta (Benjamin Constant), Largo da Misericórdia e Santa Thereza, utilizando encanamentos de chumbo, com caixas d'água, chafarizes e bebedouros para animais. No entanto, este também nunca chegou a ser realizado. Desse arrojado plano na época, chama atenção Affonso de Freitas para as duas novidades que eram sugeridas. A primeira refere-se aos bebedouros para os animais e a segunda ao emprego de encanamentos de chumbo, então de uso mundial, "mas já malsinados pela suspeita dos prejuízos causados à saúde pública" – que depois foram totalmente comprovados. O problema seria ainda maior pois, infelizmente, na composição química das águas potáveis de São Paulo, existem ausências de sulfato e carbonato de cálcio.

No entanto, a narrativa de Affonso de Freitas prossegue quando o conselheiro José Thomaz Nabuco de Araújo, presidente da Província, no período de agosto de 1851 a maio de 1852, contratou, com o engenheiro Affonso Milliet,

> [...] a substituição do primitivo sistema de regos de alvenaria na adução do Anhangabaú pelos tubos de ferro; executado o serviço contratual, verificou-se que o reduzido diâmetro dos tubos colocados pelo contratante [sic] não dava vazão ao volume de água exigido pelas necessidades da população em 24 horas, e o resultado foi o agravamento da escassez do líquido nas torneiras [...]". (FREITAS, 1929 apud BRANCO et al., 1986, p. 349-350).

Outros planos se sucederam, sem realização. O engenheiro William Elliot reformou os encanamentos de ferro, fazendo-os, através de ramificações, chegar a dez torneiras em vários pontos da cidade. Ao construir um reservatório na Rua da Cruz Preta, conseguiu distribuir mais água, sem o aumento do volume aduzido.

As fracassadas tentativas de obter água potável nos escassos mananciais da cidade levaram a se pensar na busca de outras possíveis fontes de abastecimento. Foram lembradas as torrentes da Serra da Cantareira, como ressalta o historiador na passagem a seguir:

> [...] já em 1863 o Governo da Província comissionara o Engenheiro James Brunless, de Londres, para estudar um plano geral de abastecimento e também de esgotos que colocasse a Capital definitivamente a salvo da multi-secular falta de água e das ameaças de epidemia que a falta de higiene fazia perenemente pairar sobre a

população citadina. James Brunless, auxiliado pelos Engenheiros Hooper e Daniel Makinson Fox, levanta a planta topográfica da cidade, traçando o projeto do respectivo abastecimento de água e rede de esgotos, e em janeiro de 1864 apresenta, em relatório oferecido ao governo da Província, o resultado dos seus estudos opinando pela utilização das águas da Serra da Cantareira no dessedentamento do paulistano. O projeto visto na época como "Esperança Fantástica", por Homem de Mello, ainda não foi, entretanto executado, tendo em vista o seu elevado custo. Entrementes, em 1868, realizou-se uma última tentativa de aproveitamento de uma das fontes dos arredores da Capital, denominada "Vertentes do Tanque Reuno". Vale a pena transcrevê-la, pela originalidade do sistema de adução: "Naquele ano (1868) o Engenheiro Militar Henrique de Azevedo Marques estabelece a adução daquele manancial para o Jardim Público, com ramais para o chafariz da Pirâmide do Piques e para o Campo da Luz, cuja colocação era em frente à atual Rua de São Caetano".

Medida de eficiência *mui* transitória e precária como, aliás, todas que, sobre o assunto, vinham sendo tomadas oferece, entretanto, curiosíssima particularidade, o ramal de adução distendido por Azevedo Marques: sendo-lhe impossível, no momento, adquirir tubos de ferro fundido e não convindo, na ocasião, o emprego de tubos de chumbo em consequência da formidável campanha que então se movia no Rio de Janeiro e nos próprios centros europeus, contra o uso daquela espécie de matéria suspeitada de prejudicial à saúde pública, resolveu o operoso engenheiro experimentar novo sistema de canos, dirigindo, *êle* próprio, a fabricação de tubos de papelão impregnados de grossa camada de betume. (FREITAS, 1929 apud ROCHA, 1997, p. 78-80).

Com esse material, que, à primeira vista, parecia de consistência e durabilidade precárias, conseguiu Azevedo Marques abastecer os dois citados chafarizes e o Jardim Público por cerca de oito anos, e se não fosse o defeituoso assentamento da linha adutora, mais duradoura teria sido a sua eficiência. Ainda hoje, encontram-se soterrados trechos deste encanamento em perfeito estado de conservação, apesar de estar abandonado desde 1875.

Por fim, após intenso clamor público e protestos dos jornais da época, exigindo solução definitiva para o problema do abastecimento de água, foi organizada, em 25 de junho de 1877, a Companhia Cantareira de Água e Esgotos, empresa particular com o propósito de explorar os serviços de águas e esgotos da capital, de acordo com o privilégio concedido ao engenheiro Fox, um antigo auxiliar de Brunless e seus associados, os capitalistas coronel Antonio Proost Rodovalho e major Benedito Antonio da Silva.

Para levar avante o empreendimento, foi contratado o engenheiro Henry Batson Joyner, de Londres, que organizou a planta cadastral de São Paulo, terminando sua execução em 1881 e construindo o Reservatório da Consolação. Este, localizado em terrenos da antiga Chácara do Capão, passou a receber águas aduzidas dos córregos Toninho e Iguatemi, além do Barro-Branco da Serra da Cantareira. Mais adiante, a rede de abastecimento foi estendida, passando a abranger desde a Ponte Grande até a Liberdade e do meio da encosta da Consolação à Igreja do Braz, com chafarizes públicos nos Largos da Luz, São Bento, 7 de Setembro, Braz, Guaianazes e 7 de Abril (atual Praça da República).

Conta Affonso de Freitas (1929, p. 81) que

> [...] a partir de março de 1882 a Companhia iniciou a cobrança de taxas de consumo das 133 casas já então ligadas à rede geral, procedendo a ligação de mais duzentas. Em 1888 o número de ligações se elevava a 5.000. Jamais São Paulo havia contado com tal abundância de águas.

Entretanto, como enfatizamos no artigo publicado em coautoria com o Dr. Samuel Murgel Branco, a historiadora Beatriz Retondini Assumpção e a assistente social Lúcia Cardinale Opdebeeck, na Revista DAE, em 1986, as projeções estatísticas nunca deram certo em São Paulo. Quando, em 1880, a população contava apenas 30 mil pessoas, o volume de água projetado foi para atender a uma população de 60 mil. Ninguém podia imaginar que aquela iria ser duplicada nos nove anos seguintes e quadruplicada em apenas doze anos. Assim foi que, em 1892, com 120 mil habitantes, a cidade já padecia da falta de água novamente. A Companhia Cantareira não aguentou a demanda e entrou em crise, tendo que recorrer a repetidos empréstimos para novas obras de captação. Em novembro de 1892, foi encampada pela administração pública estadual, criando-se a RAE.

Alguns documentos do século XIX, coligidos aleatoriamente, servem como testemunho da gravidade do problema de falta d'água na cidade de São Paulo, que caminhava para assumir o seu destino de vir a se tornar uma das mais importantes metrópoles no cenário mundial. Assim, são exemplos:

> Ilmo. Sr. Juis de Fora e mais Snrs. do N. Senado
>
> Sendo-me ordenado pelo Exmo. Senhor Governador das Armas desta Província a deligência de fornecer de água o Quartel, e nascendo esta falta, mais da Estação Seca do que o desmancho do canal, cujo concerto *a* pouco foi ordenado por VV. Ssas., e feito de baixo de minhas *vizitas*, devo pedir a VV. Ssas. faculdade para que sem maior falta do chafariz Público possa enviar ao Quartel *hum* dedal de água, ficando assim servida a Tropa da Guarnição desta cidade, que sem dúvida tem todo o direito a particular atenção de VV. Ssas. que bastante conhecendo quanto *he pressanta* desta tão considerável falta, havendo gente *athé* pouca para o serviço da primeira necessidade. Repartindo a água existente, *ficão* remediadas as partes, cumprido o meu dever, dando expediente as recomendaçoens do Exmo. Sr. Governador das Armas desta Província, e crescida a consideração por VV.SSas., e mesmo a particular, com a qual tenho a honra de ser de VV.SSas. obediente *subdito* Jozé Joaquim de Abreu – Capm. Inspor. de Obras Públicas, S. Paulo 10 de setembro d'1824. (BRANCO et al., 1986, p. 351-352).

Além desta, temos a petição de 14 de março de 1804, que na verdade nada mais solicitava do que uma simples torneira:

[...] e uniformemente conhecerão a *justeza* da referida representação, rogando-me que ela fosse tirada por um cano que se pudesse tapar uma vez servido aquele que o fosse tirar, porque podia acontecer haver ano seco e que toda a que se perdesse estando efetivamente correndo lhes poderia ser prejudicial: e como uma tal suplica se faz justa, pode-se conseguir um e outro fim chumbando-se um cano de ferro em uma pedra, por onde se tire as águas e com um taco de pau se tape, o que espero V. Mces. assim façam executar[...]. (BRANCO et al., 1986, p. 352).

Uma representação de moradores, em 23 de novembro de 1803, apresentava a seguinte reinvindicação:

23 de 9br, de 1803 [...] nos *poem* na precisa obrigação de irmos à repeitável presença de V. Excia. com a representação que nos fazem os moradores da Rua de Nossa Sra. da Consolação, pela falta que experimentam da água que o Exmo. Antecessor de V. Excia. Antonio Mel. de Mello Castro e Mendonça concedeu ao mesmo povo, pela oferta que fez à Câmara nossos predecessores, como fazemos certo de V. Excia. pela cópia inclusa. E como a dita água se pôs no exercício de *corer* para serventia pública e de presente se acham preteridos deste benefício, cuja água se acha pendente ao Rego Real por cujo motivo não temos jurisdição de dar a necessária providência, só V. Excia cujas paternais vistas [...]. (BRANCO et al., 1986, p. 352).

Anteriormente, em 23 de julho de 1803, 31 suplicantes, e destes 25 assinando com o "*cinal* da *crus* +", explicavam e pediam:

Dizem os moradores da Rua de Nossa Senhora da Consolação que eles padecem a necessidade de água por cuja causa lhes concedeu o Ilmo. Sr. Antonio Manuel de Mello uma porção da água do rego que mandou tirar para o Jardim Botânico, de cuja porção de água foram os antecessores de V. Mces. tomar posse e estando os suplicantes de posse da dita água antes que chegasse o Ilmo. e Exmo. Senhor General, o Sargento Mór Joaquim José Pinto mandou recolher ao rego a bica de água que corria para os suplicantes, deixando somente uma cisterna para tomarem água com coco, ficando os suplicantes privados de gozarem da bica d'água na forma que estavam de posse por que na forma da Lei a V. Mces. compete o conhecimento de semelhante procedimento. (BRANCO et al., 1986, p. 352).

Mas também outros artigos e documentos propiciam informações preciosas sobre a constante dificuldade encontrada para prover de água a cidade de São Paulo.

Em 1946, Everardo Vallim Pereira de Souza publicou um artigo intitulado "A paulicéia há 60 anos", fazendo algumas referências ao saneamento:

A título de informação popular que fosse, não deixaria de despertar curiosidade a reprodução, mandada fazer pela Prefeitura, de um muito interessante mapa da Paulistana Capital pouco anterior ao ano de 1886, levantado pelos Engenheiros Ingleses que vieram iniciar os trabalhos técnicos dos Serviços de Águas e Esgotos privilegiados da Companhia Cantareira. O que caracteriza tão precioso documento é que acham-se nele figurados cadastricamente todos os prédios nas poucas ruas então existentes. Ao contemplá-lo ver-se-á que nossa urbe, naqueles tempos e na linguagem cabocla, não passava de um "ovinho de juriti"! Uma parte da cidade apenas é que estava diretamente abastecida de boa água, natural, provinda dos mananciais da Serra próxima, um dos contrafortes da Mantiqueira. Até 1893 vinha toda ela em diminuta tubagem de 30 cm, diretamente à nova caixa do bairro da Consolação, partindo dali um ramal que ia ter à primitiva Caixa, bem no centro da Cidade e que outrora recebia o "precioso líquido" vindo em rêgo de alvenaria, proveniente dos Iembós do Ixororó, existentes no longínquo sítio do Paraíso. Os moradores, cujas casas não eram ainda servidas de torneira, não podiam deixar de ser forçados a se abastecer das águas dos Chafarizes Públicos e das naturais Fontes, aliás concorridíssimas e felizmente não raras [...].

Os caseiros banhos constituíam sério problema em vista de poucas habitações poderem deles se utilizar. Para preenchimento da lacuna recorria-se às benéficas casas que se especializavam no higiênico mister. A melhor aparelhada e mais afreguesada era a "Sereia Paulista", propriedade do húngaro "Seu Fischer", onde mantinha despótica higiene. À noite proporcionava magníficos "bifes a cavalo" a seus fregueses e demais extras que ali fossem [...]. (SOUSA, 1946, p. 84).

O inspetor de higiene da Província de São Paulo, Dr. Marcos Arruda, em 1887, apresentou um relatório à Excelentíssima Inspetoria Geral de Higiene do Império, assim se expressando:

Infelizmente os canais coletores da Cantareira desaguam longe da cidade, e enquanto o povoamento não se aglomerar para as margens do Tietê, e como este tem boa correnteza não nos podem prejudicar muito as suas exalações mefíticas, mas é preciso nunca perder de vista o que aconteceu no Sena, em Paris, ou no Tâmisa, em Londres, onde o próprio Parlamento deixou de funcionar por causa das horrorosas exalações e o peixe desapareceu até 24 quilômetros além da desembocadura dos canais coletores excrementícios [...] Seria, porém, para desejar que em vez de serem lançadas no Tietê fossem as matérias excrementícias aproveitadas por meio de usinas de elevação para as regas nos filtrantes campos que bordejam o Tietê, que, bem os depurando, em poucos anos se tornariam terrenos de primeira ordem para utilizações agrícolas [...]. (ROCHA, 1997, p. 85).

A propósito, no artigo de 1986, já mencionado, dizíamos ter sido esta, provavelmente, a primeira proposta de uma solução para os esgotos da cidade de São Paulo, e que estava baseada em um sistema amplamente empregado na Europa, a *Epandage*, utilizada em Paris desde 1869 e, bem antes, em Edimburgo, Milão, Valência e outras cidades europeias.

Talvez possa ser dito que essa proposta de plano ou projeto de tratamento dos esgotos de São Paulo, visando à preservação do rio Tietê, é pioneira, antecedendo mesmo as proposições que, no início do século XX, faria o patrono da engenharia sanitária nacional, o eminente engenheiro, ecólogo e ambientalista, Francisco Rodrigues Saturnino de Brito.

Portanto, observa-se que, a partir de 1890, estendendo-se até por volta de 1900, começam a ser desativados os chafarizes que tanto serviço prestaram à dessedentação da população. Quando o do Rosário foi destruído, houve clamor e revolta popular, obrigando as autoridades a recorrerem à força policial que, com violência, reprimiu as manifestações. Entretanto, até a década de 1950, ainda persistiram alguns bebedouros destinados a saciar a sede dos animais utilizados na tração de veículos.

A evolução dos sistemas de abastecimento de água potável que, a partir do período antes descrito, ocorreu na Região Metropolitana de São Paulo até a época atual, pode ser pormenorizadamente acompanhada pela leitura do editorial "Cronologia", de Braga Filho e Bombonatto, na Revista DAE-Sabesp, de janeiro/fevereiro de 1994, baseado no artigo "Abastecimento de água da cidade de São Paulo: sua solução", de Plínio P. Whitaker. Para facilidade de exposição e dada a clareza com que a matéria foi exposta, segue a sua transcrição:

> Um vertiginoso crescimento foi registrado em São Paulo a partir de 1890. Até 1892, o serviço de água estava a cargo da Cia. Cantareira (privada). Promulgada a Lei n. 62 de 17 de agosto de 1892, o serviço passa a ser público. O Decreto n. 1.524 de 31 de janeiro de 1893 cria a Repartição de Águas e Esgotos da Capital que encampa a Cia. da Cantareira. O sistema conta com duas adutoras no Ipiranga e Cantareira, respectivamente, com 3 milhões L/dia para a Represa de Água Funda abastecendo o Brás, Moóca e Ipiranga, e 3 milhões L/dia para a Represa da Consolação abastecendo o Centro. A partir de 1893, o sistema é ampliado, captando-se vários mananciais da Serra da Cantareira. No final de 1894, o suprimento total era de 27 milhões de L de água/dia.
>
> Em 1898 foi feita uma tentativa inútil de aproveitamento de água subterrânea com a primeira captação do Tietê na altura do Belenzinho. A Repartição de Águas e Esgotos, a cargo do engenheiro Theodoro Sampaio, é separada da Superintendência de Obras Públicas. Em 1899, Perdizes, Água Branca, Lapa, Cerqueira Cézar e Vila Mariana eram bairros sem abastecimento. Em 1903 ocorre uma grave crise de estiagem, ampliando-se a captação do Tietê para 6 milhões L/dia para atender a parte baixa da cidade, e a Caixa do Guapira (ala esquerda da Cantareira) com 8 milhões L/dia para atender a parte alta. Em 1905 foi criada a Comissão de Obras Públicas de Saneamento e Abastecimento de Água da Capital, a cargo do Engenheiro Luiz Betim Paes Leme. Um trabalho foi concluído em setembro de 1907, tendo como lema a premissa do Dr. Carlos Botelho (1904): "(...) as águas altas para as zonas altas, as águas baixas, especialmente as do rio [Tietê], para zona baixa".
>
> Em 1905, foi construída a Adutora do Cabuçu (para abastecimento da parte baixa: Santana, Luz, Bom Retiro e Brás-cota 735), reservando as águas da Cantareira para a parte média (Reservatório da Consolação) e alta (Reservatório da Avenida). Foram construídas as Barragens do Engordador e do Guaraú, que nunca funcionou por infiltração na fundação. Em 1907 foi construído o Reservatório do Araçá (Bairro Sumaré) com 6 milhões L/dia para abastecer o espigão da Paulista. Em 1909 foi construído o Reservatório do Belenzinho com 1,6 milhões L/dia. Nova crise em 1910. No ano seguinte foi estimado um déficit de 39 milhões L/dia (demanda de 90 milhões L/dia), partindo-se para a derivação do Vale do Barrocada para a adutora

do Cabuçu com 8 milhões L/dia. Em 1914 foi feita a adução do Ribeirão Cotia com uma barragem de tomada na Cachoeira da Graça para 90 milhões L/dia.

Em 1923, era ampliada a Adutora do Cotia, sendo que, na ocasião, o volume médio total da cidade atingia 156 milhões L/dia. Em 1925, outra grande estiagem. Foi criada a Comissão de Obras Novas em 1926, a cargo do Engenheiro Henrique de Novaes, sendo decidida a construção da Adutora do Rio Claro na altura da Casa Grande, do Reservatório da Moóca (72 milhões de litros) e do Reservatório da Lapa (26 milhões de litros). Foi criada a Comissão de Saneamento da Capital em 1927, a cargo do Engenheiro Theodoro Augusto Ramos (substituindo a comissão anterior), decidindo pela derivação das águas da Represa de Guarapiranga (2,0 m³/s).

Theodoro A. Ramos assina acordo com a Light, em 1928, que autoriza o Governo do Estado a derivar até 384,8 milhões L/dia (4,0 m³/s da Represa de Guarapiranga). Em 1929 foi concluída a Adutora de Guarapiranga com 86,4 milhões L/dia, com possibilidade de duplicação da adutora e da estação de tratamento. Cenário: população de 851.838 pessoas em 104.318 prédios sendo, 78.980 abastecidos.

Entre 1927 e 1929, a Repartição de Águas e Esgotos leva a efeito um Plano de Emergência com a construção de poços profundos no Tietê, de adutoras e derivações. Nenhum reservatório novo foi construído. A Adutora do Ipiranga é desativada pelo pequeno volume e má qualidade da água. Em 1930 foi concluído o Reservatório da Lapa, que nunca funcionou por falta de água para alimentá-lo. Extinta a Comissão de Saneamento, paralisando totalmente as obras da Adutora Rio Claro. O reinício das obras da Adutora Rio Claro e a paralisação da ampliação do Sistema Guarapiranga foram decididos em 1932.

A Barragem de Pedro Beicht (Sistema Cotia) foi concluída em 1933, contando a cidade na estiagem com 232,4 milhões L/dia. (ROCHA, 1997, p. 86,87,88).

No mesmo texto, no subtítulo "Recursos hídricos", temos:

São Paulo tem um grande desenvolvimento após a abolição da escravatura. A cidade é vista como um centro com grandes possibilidades de desenvolvimento por efeito do seu sistema de comunicações. Preconiza-se um desenvolvimento, ponderando, porém, que a cidade precisa criar "condições indispensáveis de vida exigíveis num centro de tal importância econômica. Essas condições residem de modo particular nos seus serviços de utilidade pública, e dentre estes ressaltam os de abastecimento de água, saneamento, energia elétrica e transporte urbano. Se não se desenvolverem constituirão os 'freios' que irão afetar o crescimento da cidade". A geologia da cidade é analisada, assim como os recursos hidrográficos utilizáveis para o abastecimento de sua população: "A cidade, sendo banhada pelo curso superior do Tietê, não possui grandes caudais à sua disposição. Este único sistema hidrográfico tem que atender as necessidades primordiais – abastecimento de água e produção de energia elétrica – que devem ser resolvidas fatalmente, em conjunto, dentro de um plano coordenador, que preveja o aproveitamento das águas da bacia hidrográfica circunjacente ao mesmo tempo para os dois misteres. Resolvido um, sem a solução simultânea do outro, o seu crescimento entrará em colapso". Ao se esgotar os recursos do Tietê prevê-se a utilização da bacia do rio Paraíba. Considera-se as obras de regularização das descargas do Tietê, nos períodos de estiagem rigorosa, lucrativas para a cidade. Buscam-se os recursos hidráulicos do rio Tietê a montante de São Paulo.

A hidrologia é descrita para o Alto Tietê, sugerindo a criação de barragens dada a sua grande capacidade de acumulação de água, entre Mogi das Cruzes e São Paulo. Saturnino de Brito é citado através do seu trabalho "Melhoramentos do Rio Tietê" (1926), onde estuda o Alto Tietê e faz referência à solução da regularização das descargas do rio para não só evitar as inundações junto à cidade mas permitir o aproveitamento do escoamento superficial para o uso simultâneo de abastecimento e produção de energia. É sugerida uma barragem acima de Mogi e pequenas barragens escaladas em degraus nos cursos dos afluentes de regime torrencial (rios Biritiba, Jundiaí, Vargem Grande, Taiaçupeba, Paraitinga).

Novamente é explicitada a importância de um plano coordenador que vise o armazenamento do maior volume possível das águas para a sua utilização racional – o abastecimento de São Paulo e demais municípios, produção de energia elétrica e, se possível, navegação entre a barragem de Mogi e a confluência do canal do rio Pinheiros. É sugerido um acordo tripartite – Governo do Estado, Prefeitura e Light – para o financiamento das obras sob a direção do Governo do Estado. Busca-se os recursos da Represa do Guarapiranga. O represamento ocorre em 1908/9 para compensar descargas mínimas do rio Tietê na Usina de Parnaíba. Dados hidrológicos são apresentados demonstrando ser a represa capaz de regularizar descarga máxima uniforme de 11 m³/s. Estuda-se os recursos hidráulicos do rio Paraíba. A partir dos dados hidrológicos é proposto o aproveitamento integrado em um plano coordenador provável para o abastecimento de São Paulo por elevação mecânica (280 m), para o vale do Paraitinga, afluente do Tietê. Prevê-se uma derivação de 15 m³/s. Busca-se outros recursos hidráulicos. São mencionados os cursos d'água da contravertente marítima do rio Guarapiranga a partir de estudos já existentes para o lançamento na represa de Santo Amaro.

São necessárias obras de vulto para o aproveitamento racional das águas do Tietê Superior e parte das do Paraíba. Seguindo sugestão de Ezra B. Whitman (1932), o plano é baseado em dados experimentais coletados em São Paulo, que sugere 300 L/dia/hab para 1947, incluindo consumo industrial e limpeza urbana. É prevista a derivação integral das águas da Represa Guarapiranga para o consumo da população, dando, assim, prosseguimento à diretriz de Júlio Prestes (1928). Nesta ocasião já se abandonava a "primitiva" teoria das chamadas "águas protegidas", não mais necessária diante dos processos de tratamento de água. Saturnino de Brito escreveu parecer (1928, Instituto de Engenharia) preconizando esta solução. (ROCHA,1997, p. 88-90).

Essa cronologia merece, atualmente, uma profunda reflexão. Quando hoje passamos junto aos rios Tietê, Pinheiros e até mesmo o Tamanduateí, com suas águas negras e fétidas, não nos damos conta de uma série de equívocos que se sucederam até que esses corpos hídricos fossem transformados, como diz Samuel Murgel Branco, em *Poluição: à morte de nossos rios*, no colar de esgotos da Grande São Paulo.

O texto é enfático no sentido de que as águas primordialmente devessem ser utilizadas para o abastecimento público, compatibilizando-se com outros usos: industrial, limpeza urbana e produção de energia. Infelizmente, porém, o que se sucedeu foi uma inversão de prioridades, elegendo-se como o mais nobre exatamente a geração de energia, sob a alegação da necessidade de sustentar o progresso e o desenvolvimento. Na verdade, tudo concorreu para uma rápida deterioração da qualidade ecológico-sanitária das águas, como procurei demonstrar no livro *Do lendário Anhembi ao poluído Tietê*, de 1991.

Naquele escrito, assinalo:

[...] quando se procede a uma revisão do que foi a ação da Light na instalação do sistema gerador de energia elétrica em São Paulo, e paralelamente se resgata o que foi o crescimento do parque industrial, fica a sensação para muitos de que São Paulo deve o seu "admirável desenvolvimento" quase exclusivamente à grande obra da concessionária canadense. Ledo engano. Precisa-se aclarar a história procurando base nos fatos intrínsecos que vieram eclodir na época atual, tornando irreversíveis certos procedimentos que foram produto de ações nem sempre muito claras. (ROCHA, 1991, p. 75).

O aproveitamento das águas do rio Tietê em regime de vazão variável, ficando a produção de energia na dependência aleatória das descargas naturais do rio, contrariou a opinião de vários técnicos que defendiam, na época, a ideia pioneira de Francisco Rodrigues Saturnino de Brito com relação ao aproveitamento, por meio da construção de barragens a montante da capital, o que só mais recentemente seria realizado pelo governo estadual. Assim, a instalação das comportas em Edgar de Sousa (mais tarde desativadas e demolidas) causou o agravamento das enchentes e diminuiu a vazão do rio a jusante da capital, o que, acompanhado da reversão do rio Pinheiros, sacrificou naquele tempo o uso do baixo Tietê para a produção de energia.

Mas o que considero mais grave foi a campanha e a mobilização para induzir a população a acreditar ser impossível a utilização de águas para abastecimento público, e o total descaso, que teria motivado administradores e políticos, em sua maior parte, a esquecerem ou ignorarem as sábias proposições do inspetor de higiene Dr. Marcos Arruda (1887) e do engenheiro Francisco Rodrigues Saturnino de Brito (1911) para preservar o rio Tietê.

Vamos recordar as pioneiras análises de potabilidade das águas realizadas em São Paulo. Conta o historiador Affonso de Freitas, já citado, que o primeiro administrador a se preocupar com isso em São Paulo foi o governador da capitania, no período de 1788 a 1797, o capitão-general Bernardo José de Lorena, famoso pelas inúmeras obras de vulto que desenvolveu durante a sua administração, destacando-se a construção da primeira estrada pavimentada para a descida da Serra do Mar em direção a Cubatão e Santos (a Calçada do Lorena) e a primeira tentativa realmente eficaz para a realização do abastecimento público de água da capital paulista, São Paulo.

Em 1791, o governador Lorena determinou ao químico Bento Sanches d'Orta que procedesse ao estudo das águas de fontes existentes na cidade, usadas pela população. Assim, seriam pioneiramente pesquisadas: Fonte do Lorena (Largo da Misericórdia); rio Piranga; Fonte do Gayo; rio Tamanduateí; Fonte do Guaçú; Fonte do Piques; Fonte da Quinta do Dr. Miguel Carlos; Fonte de São Francisco; Fonte de Santa Luzia; Fonte da Quinta do Defunto Francisco José Machado; Fonte da Quinta do Mestre de Campo Francisco Xavier dos Santos e Fonte do Sítio do Cabo d'Esquadra Francisco Correa.

Dessa inédita análise, cujos resultados foram encaminhados pelo governador Bernardo José de Lorena à Câmara Municipal, constavam alguns itens muito interessantes. Desses, seguindo a própria numeração do documento original, destacam-se:

N° 1 – Água da Fonte do Lorena. É férrea e fria, com sal neutro, a base térrea é argilosa. Pelas referidas qualidades pode se usar dela sem receio de moléstia alguma: igualmente é boa para branquear pano de linho e algodão.
N° 2 – Água do Rio Piranga. É férrea e fria, ácida vitriólica, a base térrea é calcária gessosa. É sumamente impregnada de gás mefítico; fazendo pela combinação do sal neutro com o ácido vitrólico, e muito gesso que tem, uma selenites abundantíssima impreganada de gás mefítico. Destas qualidades se conhece não servir para o uso de beber.
N° 3 – Água da Fonte do Gayo. É muitíssimo férrea e fria, ácida vitriólica, a base térrea calcária de óca, com algumas partículas arsenicais ainda que tênues e sumamente saturada de gás mefítico. Qualidades perniciosíssimas à economia animal, e bem capazes de produzirem moléstias graves.
N° 4 – Água do Rio Tamanduateí. É muito pouco férrea e fria, ácida com sua base de terra argilosa e vegetal, o que compõe uma mistura lodosa pesada, cheia de ar fixo e inflamável, de onde procede a má cor e mau gosto dessa água. O seu uso não seria muito pernicioso: mas, para branquear pano de linho ou algodão não é boa.
N° 9 – Água da Fonte de Santa Luzia. É fria, ácida, a base de terra argilosa, em pequena quantidade, e livre de toda a selenites e ar fixo. Excelente água para se beber, e a melhor até agora analisada.
Obs. todas as análises efetuadas pelo químico Bento Soares D´Orta, 1791 (ROCHA, 1997, p. 93-94).

No tempo em que essas análises foram realizadas (como lembrávamos no trabalho de 1986), na França, o notável Lavoisier terminava as suas importantes descobertas que davam início à química analítica e, subsequentemente, entregava sua privilegiada cabeça ao carrasco da Revolução Francesa.

Decorridos 128 anos, em 1919, as análises realizadas no laboratório do Serviço Sanitário de São Paulo, pelo químico João Batista da Rocha, indicavam que essas mesmas águas estavam fortemente poluídas, mas agora infelizmente incluindo, também, as outrora excelentes águas da Fonte de Santa Luzia, principalmente em função da "reação pelo violeta de metila" e, certamente, pelos seus elevados teores de cloretos, "amoníaco livre" e "anidrido azótico".

Contudo, uma outra nascente famosa, que existiu em São Paulo até ser estancada, em novembro de 1898, pela RAE da Capital, foi a do Açu. O primitivo nome da Ladeira de São João, primeiro trecho da atual Avenida São João, entre as ruas São Bento e Libero Badaró, era conhecido como a "Descida do Açu". Esta encontrava-se com a "subida" do Tanque do Zunega e com o edifício do Hospital Militar (depois Seminário da Glória), no trecho da Rua do Hospital (Rua Seminário), atual Praça do Correio.

Como esclarece Affonso de Freitas, Açu era o nome do riacho que, em tupi-guarani, significa "veneno" ou "febre" (segundo Douglas Michalany, açu é corruptela de *hiaçu*, hi=água e *açu*=veneno). A fonte, um fio d'água, situava-se no encontro da Rua Brigadeiro Tobias (Rua do Seminário) com a Ladeira de Santa Ifigênia e também mereceu a análise do químico e engenheiro Bento Sanches d'Orta, em julho de 1791, sendo este o resultado: "Água da Fonte do Açu – Muitíssimo férrea e fria, ácida vitriólica, base térrea calcária de óca, com algumas partículas arsenicais, ainda que tênues, e sumamente saturada de gás mefítico".

Freitas, em seu dicionário, concluiu: "um verdadeiro veneno, e composição química que plenamente justifica as definições citadas".

Ainda a propósito das águas da Fonte do Açu, conta Douglas Michalany, em "Avenida São João", artigo publicado no Boletim da Academia Paulista de História, que a Ponte do Açu era motivo de lendas e a voz do povo traduzia em versos o receio por tal água:

> Eu fui passar na ponte,
> E a ponte estremeceu,
> Água tem veneno, Morena,
> Quem bebeu, morreu!

Para finalizar, abordando ainda a qualidade das águas de São Paulo, cabe fazer menção especial ao químico Henry Charles Potel, um francês nascido em 1866 e falecido em 1929, que foi fundador do Laboratório de Análises da RAE, em 4 de setembro de 1907, cumprindo determinação expressa no Decreto n. 1.509, instituindo o Regulamento daquela Repartição da Secretaria da Agricultura, Comércio e Obras Públicas do Estado de São Paulo.

Graças ao diligente biólogo e professor titular da USP, Samuel Murgel Branco, o qual tantos serviços prestou ao saneamento e à saúde pública, reconhecido que foi pela própria Associação Brasileira de Engenharia Sanitária e Ambiental, que lhe outorgou o prêmio Azevedo Netto, outro expoente da engenharia sanitária nacional, foi possível resgatar as primeiras análises de potabilidade das águas de São Paulo efetuadas no século XX.

Como ele cita, em trabalho intitulado *Henry Charles Potel e a biologia das águas de São Paulo*, de 1964, já antes da inauguração do referido laboratório, em ininterrupta e constante atividade, Potel havia iniciado suas observações e pesquisa, sendo o primeiro registro datado de 17 de fevereiro de 1906. Essas análises continuaram a ser meticulosamente registradas, com sua própria letra, até 1923.

Esses preciosos documentos, que constituem parte da história pátria (e de um órgão de governo que, transformado no Laboratório Central do DAE, depois, juntamente com o Laboratório do Departamento de Obras Sanitárias – DOS, e mais parcela do pessoal técnico da CICPAA, em Santo André, São Caetano do Sul, São Bernardo do Campo, Diadema e Mauá, daria origem às atuais Sabesp e CETESB), se não fosse o cuidado e a preocupação de Branco, estariam irremediavelmente perdidos em algum arquivo morto até que sofressem total destruição.

CAPÍTULO 8

O advento do Plano Nacional de Saneamento – PLANASA no Brasil

Experimentalmente, o Plano Nacional de Saneamento (PLANASA) foi instalado pelo Banco Nacional de Habitação (BNH), em 1968, e, definitivamente, em 1971. Porém, na metade da década de 1990, já podia ser considerado extinto, uma vez que suas regras básicas foram abandonadas, por causa da destruição do Sistema Financeiro do Saneamento que constituía a base de sustentação desse ambicioso plano.

Contudo, como ressalta o engenheiro José Roberto do Rego Monteiro, uma das grandes expressões da engenharia sanitária nacional, em 1993, ao proceder a Análise de Desempenho do PLANASA, quinze anos depois de implantado o plano, em 1985, verificavam-se os grandes benefícios trazidos à população brasileira.

A Pesquisa Nacional de Domicílios do Instituto Brasileiro de Geografia e Estatística (IBGE) assinalava que 82,8 milhões de brasileiros, ou 87% da população urbana, eram abastecidos com água potável, um aumento significativo, pois o Censo de 1970 indicava que apenas 50,4% da população urbana dispunham desse recurso natural tratado.

Como se observa, em quinze anos (entre 1970 e 1985), houve um aumento de 15 milhões de domicílios conectados à rede de água potável, beneficiando 5 6 milhões de novos usuários (contingente maior do que a população da França), fazendo com que a expectativa de vida média do brasileiro, em 1980, crescesse sete anos, quando comparada a 1970.

Constata-se também que, no período entre 1970 e 1980, na área urbana, o número de domicílios cresceu de 73% contra 142% dos novos abastecidos e 200% servidos de esgotos, indicando a tendência para uma rápida extinção do déficit até então existente.

Muitas tentativas anteriores para equacionar o problema do saneamento básico no Brasil falharam, sendo preciso reconhecer que o PLANASA foi o primeiro e único projeto implantado com abrangência nacional, que até aquela década ofereceu resultados satisfatórios durante o período em que esteve vigente, até que fosse "destruído".

O BNH não tinha ação monopolista, mas complementava o trabalho de outras instituições envolvidas no processo aos níveis dos governos municipal, estadual e federal, permeando uma atuação descentralizada, dedicando esforços e recursos e visando facilitar o alcance dos objetivos de dotar a população de água potável e esgotamento sanitário.

Antes do PLANASA, as razões para o déficit no campo do saneamento básico, segundo a acurada opinião de José Roberto Rego Monteiro (1993, p.1-12), consubstanciavam-se em:

a) Na tentativa de equacionar o problema por meio de projetos isolados e com base no esforço de cada comunidade, o que resultava:
– na inviabilidade dos projetos, principalmente nas comunidades de menos recursos;
– no mal aproveitamento dos escassos recursos humanos qualificados, reduzindo a qualidade dos serviços e aumentando o custo operacional;
– no aumento do custo operacional como resultado do pequeno porte dos órgãos municipais;
– no aumento do valor do investimento requerido pela impossibilidade de padronização de projetos, de bens e equipamentos.
b) Na ausência de um sistema racional de tarifas oscilando entre extremos da tarifa não remuneratória ao da tarifa de custo insuportável pelos mais pobres.
c) Na deterioração dos orçamentos e das tarifas causada pelo processo inflacionário.
d) Na política de empreguismo, nas empresas que prestam serviços públicos, decorrente da situação de sub-emprego e do primarismo dos partidos políticos.
e) Na mobilização de recursos financeiros, técnicos e humanos em escala inadequada para a respectiva demanda; e
f) Na atuação desordenada de um grande número de organismos.

Assim, uma análise pormenorizada dessas causas e um minucioso levantamento em nível nacional possibilitaram a formação do PLANASA, e para a mobilização dos recursos na escala requerida pelas dimensões do projeto e pela natureza do problema de abrangência nacional, montou-se uma operação envolvendo várias instituições, uma verdadeira "engenharia de economia". Houve uma soma dos recursos provenientes do BNH com um fundo rotativo, criado em cada estado e denominado Fundo para o Financiamento de Água e Esgotos (FAE), ambos emprestando recursos às empresas de saneamento.

A integralização do FAE foi feita com meios do Tesouro Estadual, os quais seriam necessários para realizar as obras a fundo perdido, mas com a diferença de que no FAE eles retornariam com juros e seriam empregados e reempregados de forma a assegurar permanentemente novos recursos para a execução dos sistemas.

Como enfatiza o engenheiro José Roberto Rego Monteiro, o desempenho do PLANASA e das empresas que o adotaram (nem todas aderiram), "como em qualquer empreendimento humano, traduziu-se em pontos altos e baixos, em fatores positivos e negativos" (MONTEIRO, 1993, p. 2); contudo, diria eu, como partícipe dessa história, mais positivos do que negativos.

Como visto, o alcance da meta de extinção dos déficits de água potável e dos serviços de esgotamento sanitário estava sendo plenamente atingido, quando o BNH foi extinto e a perspectiva do PLANASA, interrompida. Fica muito fácil notar que, se tivesse sido mantido o ritmo médio da oferta de serviços entre os anos 1970 e 1986, o déficit de água potável poderia ser eliminado em 1990 e o de serviços de esgotos em 2000. Nesse sentido, observa-se, ainda segundo a análise mencionada, que o acréscimo geométrico médio anual, entre 1970 e 1986, em termos de população atendida, foi de 7,50% ao ano para a água potável e de 6,07% ao ano para serviços de esgotos, contra 2,41% ao ano para a população urbana.

A magnitude dos recursos aplicados, via BNH, FAE, bancos internacionais BID e BIRD, estados e municípios, atingiu o máximo em 1981, com o equivalente a US$ 1,306 milhões. Em dezesseis anos, entre 1970 e 1986, somou US$ 10 milhões, o que representa uma média anual de US$ 625 milhões. Quando esses valores são comparados com US$ 902 milhões, ou US$ 204 milhões médios por ano, aplicados pelo BIRD e BID, em 24 anos, de 1961 a 1985, para financiar o saneamento básico em toda a América Latina, tem-se uma ideia da dimensão do programa de saneamento que foi o PLANASA.

Quanto aos recursos humanos, entre 1973 e 1986, foram oferecidas 117 mil oportunidades de treinamento na formação de gerentes e pessoal de nível médio. O programa foi administrado pela Associação Brasileira de Engenharia Sanitária e Ambiental (ABES).

Deve-se dizer que, ao início do PLANASA, praticamente inexistia estrutura empresarial nos órgãos dedicados ao saneamento, havendo um número de órgãos municipais, estaduais e federais atuando no setor de forma desordenada.

Para organizar o setor de saneamento, criou-se o Sistema Financeiro do Saneamento, associando os agentes promotores, financeiros e executores sob a coordenação do BNH. A síntese ocorreu integrando 24 empresas estaduais, evitando um trabalho que demandaria 4 mil órgãos municipais, a maior parte sem viabilidade econômica, obtendo-se assim o progresso em eficiência e eficácia. Criou-se o Programa de

Desenvolvimento Institucional sob a Coordenação da Organização Pan-americana da Saúde (OPS), inicialmente com o nome de SATECIA e, posteriormente, chamado de PRODISAN.

Desse modo, a OPS reuniu uma equipe de especialistas em organização e métodos, provenientes de vários países latino-americanos, reestruturando e reorganizando as companhias estatais.

Muitos cursos foram oferecidos, e o autor destas linhas teve a oportunidade de frequentar cursos de especialização e treinamento, ministrados por especialistas estrangeiros, e também de contribuir nesse processo de formação de pessoal, lecionando Hidrobiologia Sanitária e Impactos Ambientais, na Faculdade de Saúde Pública da USP, no Centro Pan-americano de Ingenieria Sanitaria (CEPIS), da OPS, em Lima, Peru, e na Companhia de Saneamento Ambiental, hoje CETESB.

Essa é a sucinta história do PLANASA, que tantos avanços e benefícios trouxe ao saneamento brasileiro, mas que, por decisões políticas equivocadas, foi extinto quando se aproximava de sua maioridade.

CAPÍTULO 9

O saneamento em São Paulo antes, durante e depois do PLANASA

Depois de um período que se estende desde a fundação da cidade de São Paulo até por volta dos anos de 1950, e do qual há esparsos registros de ações isoladas relacionadas ao saneamento, algumas medidas relevantes, e outras ainda de caráter incipiente, relatadas no Capítulo 6, chega-se ao PLANASA, que foi descrito no Capítulo 8 e que iria mudar a história do saneamento no Brasil e, particularmente, no estado de São Paulo.

O professor e engenheiro sanitarista Júlio Cerqueira Cesar Neto, com grande contribuição ao setor, em artigo publicado na Revista do Instituto de Engenharia de São Paulo, em 2013, ao dissertar sobre a história do saneamento básico no estado de São Paulo, apresentou com muita propriedade uma interessante discussão, destacando três fases distintas com relação ao PLANASA.

Neto enfatiza que, em 62 anos, de 1950 a 2012, é possível distinguir os períodos de 1950 a 1973, antes do plano; de 1973 a 1990, durante o plano; e de 1990 até 2012, depois dele.

A primeira fase caracteriza-se por ser tipicamente municipalista, em que o município de São Paulo era, e continuou sendo, operado pelo estado com base nas ações do DAE, com a liderança dos engenheiros sanitaristas.

Na segunda fase, atendendo aos ditames da adesão ao PLANASA, criou-se, em 1973, a Sabesp, responsável pela operação do sistema, também gerida pelos engenheiros sanitaristas.

Na terceira, a Sabesp continua com suas responsabilidades, mas a liderança do processo passa para advogados e economistas; e os engenheiros sanitaristas perdem seu espaço.

O saneamento básico contemporâneo, diz ainda Júlio Cerqueira Cesar Neto, surgiu na primeira fase, entre 1950 e 1973, e nela o destaque maior foi o Prof. Lucas Nogueira Garcez, governador do estado entre 1951 e 1954, que criou na Faculdade de Higiene e Saúde Pública, hoje Faculdade de Saúde Pública da USP, junto ao Departamento de Saúde Ambiental, o curso de Engenharia Sanitária, que durante anos capacitou e formou profissionais, não só do Brasil, mas de outros países da América Latina e da África de língua portuguesa. Eu tive a oportunidade de ministrar aulas nesse curso por mais de 35 anos.

Mas a atuação do Prof. Garcez foi fundamental nessa fase pré-PLANASA, e mesmo depois de sua implantação, já que ele manteve o DAE, comandou a administração do município, e também criou o Departamento de Obras Sanitárias (DOS), destinado a assistir os demais municípios do estado. Paralelamente, implantou um sistema permanente de financiamento para o setor, por meio da Caixa Econômica Estadual.

O programa foi bastante efetivo, com ótimos resultados nessa primeira fase, abrangendo a maioria dos municípios. O DAE, no entanto, em função do acelerado e caótico desenvolvimento da capital, não conseguiu manter o nível de atendimento, propiciando um déficit no abastecimento de água e na coleta de esgotos; e, no final, atendia apenas 50% e 10%, da população, respectivamente.

No final dessa primeira fase, que, segundo o notável sanitarista Cerqueira Cesar, pode ser compreendida entre 1967 e 1973, houve uma revolução político--institucional do setor, quando o governador Abreu Sodré, eleito pela Assembleia Legislativa, à revelia dos militares, assumiu o cargo. Em 1967, a situação do saneamento na Região Metropolitana era péssima, com 50% da população não dispondo de água tratada, 90% sem coleta de esgotos e 100% sem qualquer tratamento dos esgotos. Era uma pobre bacia hidrográfica da RMSP, com os rios Tietê, Tamanduateí, Aricanduva e outros totalmente comprometidos pela poluição e contaminação. A poluição do ar estava totalmente sem controle, campeando as emissões industriais e veiculares.

Os índices de mortalidade infantil atingiam 150 óbitos por mil nascidos vivos, em média, pois em certos setores da cidade esses números eram bem mais elevados.

Não havia um planejamento para enfrentar essa caótica situação, bastando lembrar que o DAE estava quase emergencialmente iniciando obras no rio Juqueri para reforço do abastecimento, captando 1,5 m³/s. Quanto a esgotos sanitários e controle da poluição do ar, as ações eram muito mais incipientes. A ETE (Tratamento

Primário), em Pinheiros, hoje desativada, tratava menos do que 0,1% do esgoto produzido e coletado na cidade de São Paulo.

Nessa época, o secretário de obras e meio ambiente era outro professor e sanitarista da USP, Eduardo Riomey Yassuda, dando então amplo apoio a uma verdadeira revolução político-institucional para enfrentar o problema. Algumas situações ocorridas nesse período são contadas no Capítulo 17.

Decidiu-se ampliar o projeto do DAE para 33 m³/s, captando águas dos rios Atibaia, Cachoeira e Jaguari, no chamado Sistema Cantareira. Foi criada a Companhia Metropolitana de Águas (COMASP), para a qual prestei serviços em 1968. Para resolver o problema dos esgotos (transporte e tratamento), institui-se a Sanesp, e na solução dos problemas de distribuição de água e coleta dos esgotos, substituiu-se o DAE, criando a Superintendência de Águas e Esgotos da Capital (SAEC). Esta empresa era provisória, pois a ideia era que, no futuro próximo, a tarefa fosse passada à Prefeitura de São Paulo. O DOS foi extinto e surgiu o Fundo Estadual de Saneamento Básico, depois Fomento Estadual de Saneamento Básico (FESB), que, além de fundo gestor de recursos do programa, exercia também as funções do DOS, na assistência aos municípios, por meio de suas várias coordenadorias, como o Controle da Poluição das Águas (CPA) e o CETESB, que viria a se transformar na Companhia Ambiental do Estado de São Paulo, uma referência internacional no setor. Nesta instituição, trabalhei por mais de vinte anos, tendo sido o primeiro biólogo contratado.

Nessa época, procurou-se então a adesão ao PLANASA para obtenção de recursos federais, uma novidade no estado de São Paulo, que conduzia seus projetos e planos somente com ingressos próprios de seu orçamento, além de ter uma ideia absolutamente municipalista. A pressão sobre o governador Abreu Sodré foi imensa, mas este, distante dos militares, resistiu até o final de sua gestão, em 1970. Quando o governador Laudo Natel assumiu, em 1971, nomeado pelos militares, criou-se a Superintendência de Saneamento Ambiental – SUSAM/Sabesp e houve a adesão ao PLANASA. Vários outros órgãos seriam extintos, mas a CETESB, separada do FESB, passou a ter vida própria e consolidou-se no cenário do saneamento, não só em São Paulo, mas nacional e internacionalmente.

Passa-se à segunda fase, de 1973 a 1990, período de ampla vigência do plano, quando o estado de São Paulo conseguiu o financiamento para investir, não só na Região Metropolitana, implementando o Sistema Cantareira, como também nos municípios que deram concessão à Sabesp. Aqueles que não aderiram, ficaram à míngua de recursos durante dezessete anos, até que o plano fosse extinto. Como já se disse ao descrever o PLANASA, esse foi um período de grande avanço no saneamento. Infelizmente, na expressão de Julio Cerqueira Cesar, com o BNH extinto e o fim do plano, o "saneamento básico nacional entrou em férias, como ainda se encontra".

A terceira fase, como dito, é caracterizada pelo recesso, esperando-se que a nova lei do saneamento possa reativar o setor. Infelizmente, esse período coincide com a inevitável globalização e o predomínio do mercado financeiro especulativo, visando o lucro a qualquer custo, passando ao largo de valores humanos como a ética e a moral. Infelizmente, do predomínio de engenheiros sanitaristas, passamos para o dos advogados e economistas, inclusive na própria Sabesp, diminuindo-se o investimento no setor. Ao que parece, nesse período, o Projeto Tietê foi o mais contemplado, recebendo maior soma de recursos, talvez pela pressão da sociedade civil, por meio das organizações não governamentais (ONGs), especialmente a SOS Mata Atlântica, e de campanhas da Rádio Eldorado, como em 1990.

Muitos técnicos, engenheiros civis e sanitaristas, geólogos, químicos, biólogos e outras categorias profissionais contribuíram ao longo dos anos nessa difícil caminhada para dotar São Paulo de satisfatórias condições de saneamento e consequente melhoria da saúde e qualidade de vida da população. Difícil seria nomear aqui todos aqueles que a seu tempo dedicaram seus conhecimentos e esforços nessa tarefa, sem que se cometa a injustiça de algum esquecimento. Além de alguns nomes citados no Capítulo 17, é possível apresentar uma sucinta galeria, incluindo vários e saudosos amigos e colegas que já nos deixaram: Abrahão Fainzilber, Agato Mingione, Aldo Rebouças, Alir Doria, Aloizio de Barros Fagundes, Alvino Genda, Antônio Carlos Paralatore, Antônio Carlos Rossin, Antônio Nunes Leme Galvão, Antônio Pezzolo, Armando Fonzari Pera, Ben Hur Lutembark Batalha, Benedito E. Barbosa, Benoit de Almeida Victoretti, Braz Juliano, Camal Abdon Salomon Rameh, Carlos Celso do Amaral e Silva, Carneiro Viana, Celso Eufrásio Monteiro, Celso Guimarães, Cláudio Manfrini, Doron Grull, Eluisio Q. Orsini, Eduardo F. Borba Júnior, Eduardo Ryomei Yassuda, Emílio Siniscalchi, Fernando Fukuda, Fernando Guimarães, Fernando Viola, Geraldo Cruz, Gilberto de Oliveira, Haroldo Jezler, Horst Otterstetter, Ivanildo Espanhol, Jacob Zugman, João Moura Garcez Filho, João Ruoco Filho, João Vicente de Assunção, José de Ávila Aguiar Coimbra, José Augusto Martins, José Chiara, José Eduardo Cavalcanti, José Everaldo Vanzo, José Luiz Barreiro de Araújo, José Maria Costa Rodrigues, José Martiniano de Azevedo Netto, José Meiches, Julio Cerqueira Cesar Netto, Leopoldo B. Testa, Licínio Machado, Lucas Nogueira Garcez, Lúcia Brasil, Luiz Augusto de Lima Pontes, Maria Helena Orth, Maria Lúcia de Paiva Castro, Maria Therezinha Martins, Mauro Garcia, Max Lothar Hess, Micheas Bueno de Godoy, Milo Ricardo Guazeli, Nelson Nefussi, Nelson Rodrigues Nucci, Neusa Monteiro Juliano, Newton Deleo de Barros, Omar de P. Assis, Orlando Cassetari, Oscar Felomeno Lotito, Oscar Fugita, Otacílio Alves Caldeira, Otacílio Pousa Sene, Paulo Bezerril Júnior, Paulo Ferreira, Paulo Machado Lisboa, Paulo Paiva Castro, Paulo Salvador Filho, Paulo Sampaio Wilken, Paulo Soichi Nogami, Pedro Além Sobrinho, Pedro Caetano Sanches Mancuso, Plínio Thomaz, Reynaldo Fanganiello, Rodolfo Costa e Silva, Rubens Monteiro de Abreu, Sadala Domingos, Samuel Murgel Branco, Saulo Bartolomei, Thierry C. Rezende, Walter Engracia de Oliveira e Werner Zulauf.

CAPÍTULO 10

A evolução dos planos de tratamento dos esgotos sanitários na Região Metropolitana de São Paulo

Cabe, nestas linhas sobre o tratamento dos esgotos, dispensar um sucinto espaço para a descrição das atividades e atitudes que compõem a história evolutiva desse campo do saneamento em São Paulo, acompanhando o crescimento da Região Metropolitana de São Paulo.

O primeiro passo seria dado com a construção da ETE da Ponte Pequena, em 1933, destinada a estudos do tratamento de esgoto. Desta iniciativa, resultou, em 1937, a Estação de Tratamento do Ipiranga, com projeto do engenheiro João Pedro de Jesus Netto, posteriormente transformada em Estação Escola, com o nome de seu idealizador.

Em 1947, é feita a concorrência para projeto e construção das estações de Vila Leopoldina, inaugurada em 1959, e de Pinheiros, em 1972, esta atualmente desativada. Ambas eram apenas destinadas ao tratamento primário, isto é, uma simples decantação-sedimentação.

Na realidade, esses equipamentos urbanos implantados fizeram parte de planos para o tratamento dos esgotos sanitários na Região Metropolitana de São Paulo, por isso merecem atenção mais acurada neste livro.

A história do rio Tietê desde o início da colonização, no trecho que atravessa a Região Metropolitana de São Paulo, mostra que, ao longo do século, vários planos e projetos para a melhoria da qualidade sanitária do rio foram elaborados. Porém, uns não chegaram a sair das pranchetas e outros, em razão de injunções políticas, só acabaram por ser parcialmente iniciados. Foi somente nas duas últimas décadas do século XX que efetivamente os projetos mereceram uma atenção maior das autoridades, recebendo os investimentos necessários e sendo efetivamente implantados.

Figura 10.1 – As instalações da antiga Estação Elevatória de Esgotos da Ponte Pequena, construídas no século XIX, abrigariam, no futuro, o Museu de Saneamento da Sabesp.

Esse assunto, que por vezes merece críticas de alguns especialistas, entendendo que não se deve investir tantos recursos na recuperação do rio na área urbana da cidade, pois há outras carências de maior relevância, mereceu, no entanto, em 1998 e 2005, uma profunda abordagem efetuada, respectivamente, pelo engenheiro Galdino Inácio Souza Neto e pelo biólogo Moyses Rosenchan em dissertações de mestrado, por mim orientadas, na Faculdade de Saúde Pública da USP, e pelo engenheiro e Prof. Wanderley da Silva Paganini, em 2007. Por sinal, o tema já havia sido abordado, em 1991, no livro *Do lendário Anhembi ao poluído Tietê*. As linhas a seguir constituem quase a transcrição dos textos que produzimos para os trabalhos antes referidos.

Na verdade, a documentação antiga sobre as condições sanitárias e ecológicas do rio Tietê não é muito abundante. Como visto nos Capítulos 6 e 7, há poucos relatórios produzidos na época do Brasil Império e da primeira República. Assim, são exemplos o informe do secretário da Agricultura Dr. Luiz Piza, que em 1904 elaborou um plano para captação de águas do rio Tietê Superior a fim de suprir a população após "rigorosa filtragem", e o plano dos Drs. Paula Souza e Roberto

Piranga também para o aproveitamento das águas do Tietê para abastecimento da capital paulista, o que foi abandonado ao optar-se por utilizar as águas do Alto Cotia, sob alegação de que este, sim, não estava poluído.

Mas um precioso e histórico documento para o saneamento é o relatório produzido pelo notável sanitarista Francisco Rodrigues Saturnino de Brito, intitulado *Para a melhoria das águas do Rio Tietê*, atendendo à solicitação do prefeito Firmiano Pinto. Nessa peça, composta de 270 páginas e dividida em duas seções: Algumas Noções de Hidrologia e Melhoramentos do Rio Tietê, na página 57, o patrono da engenharia sanitária nacional – embora engenheiro, mas na verdade surpreendentemente para a época um verdadeiro ecólogo – alertava os poderes públicos quanto aos possíveis prejuízos que as obras da empresa canadense Light poderiam causar à "pequena navegação", além de preconizar a necessidade da adoção de medidas destinadas a minimizarem as enchentes e prevenirem a poluição, evitando afetar o processo de "autodepuração natural dos esgotos" que eram eventualmente lançados ao rio.

As intervenções sugeridas por Saturnino de Brito seriam efetivadas no trecho Guarulhos-Osasco, que passaria de 46 km de extensão para 26 km, enquanto a declividade média seria alterada de 13 cm por 1.000 m para 25 cm, possibilitando uma vazão constante de 20 a 25 m^3 por segundo. Para tanto, os rios Biritiba, Jundiaí e Taiaçupeba seriam represados na altura do município de Mogi das Cruzes a montante da capital. Entretanto, a Light não executou esta parte do projeto, pois, como denunciou o engenheiro Cattulo Branco, "seu real intento ao controlar a área era o de apropriar-se preventivamente dos mananciais para evitar a realização de projetos concorrentes, por parte do Estado" – realmente, só muito mais tarde o governo estadual executou essas obras.

No ano seguinte, em 1927, João Florence de Ulhoa Cintra modificou o projeto, que teve dois grandes lagos, originalmente a serem construídos junto da Ponte Grande, dotados de comportas, suprimidos; perfazendo um milhão de metros quadrados de superfície, teriam múltiplos fins, inclusive paisagísticos, contrariando ainda hoje os arautos do tecnicismo.

Para entender a relevância desse arrojado esquema, basta lembrar que as suas proposições básicas foram quase que totalmente aproveitadas por quantos planos e programas se sucederam desde então; muitas das barragens para formação dos reservatórios a montante da capital já se acham edificadas.

Em abril de 1952, a RAE (mais tarde, Departamento de Águas e Esgotos – DAE), atual Superintendência da Sabesp, contratou a empresa norte-americana Greeley & Hansen, de Chicago, para elaborar um plano geral equacionando o tratamento dos esgotos domésticos e dos resíduos industriais da Região Metropolitana de São Paulo, incluindo o projeto para instalação de uma ETE na Vila Leopoldina. Pretendia-se coletar e tratar os esgotos sanitários dos municípios de São Paulo, Guarulhos, São Caetano do Sul, São Bernardo do Campo e Santo André.

Esse plano concluído em 1953 teve os projetos definitivos apresentados sob a forma de três alternativas. Na primeira, seriam construídas seis ETEs (filtros biológicos), com sistemas de coleta ligados por grandes interceptores. A segunda previa apenas quatro estações, sendo três também para tratamento completo em nível secundário, e uma que deveria tratar 65% dos esgotos, combinando as ETEs de Vila Leopoldina, Pinheiros e Santo Amaro. Na terceira alternativa, acenava-se com a construção de um sistema de troncos coletores, estações de bombeamento, condutos forçados e livres para a coleta e o transporte dos esgotos que seriam lançados no oceano Atlântico.

Essas opções baseavam-se nas premissas do menor custo, na possibilidade da utilização de material nacional, na melhor adaptação às condições daquela circunstância, na exigência de rápida mudança da situação sanitária, além de outros fatores relacionados aos aspectos da engenharia; a opção na época recaiu sobre a primeira alternativa.

Contudo, somente em 1957, as obras para construção da ETE de Vila Leopoldina seriam contratadas, e a de Pinheiros (somente para tratamento primário) mais adiante, em 1961. A história mostra que a ETE de Vila Leopoldina, em 1967, por deficiência no interceptor, estava ociosa, e a de Pinheiros seria desativada no final do século XX.

Deve-se dizer, porém, que foram estas, aliadas à pequena ETE da Rua do Manifesto, no bairro do Ipiranga, as primeiras e efetivas ações no sentido de controlar e minimizar o crescente processo de poluição nos rios da Região Metropolitana de São Paulo, lembrando-se que ele começou de modo acentuado ao raiar do século XX, durante o processo de industrialização e adensamento populacional.

Pouco mais de dez anos após o projeto da Greeley & Hansen, de 1965 a 1967, a firma Hazen and Sawyer desenvolveu para o DAE um estudo apresentando um relatório sobre a "Disposição dos Esgotos de São Paulo". Nele, foram também consideradas quatro alternativas para o tratamento dos esgotos domésticos na Região Metropolitana. Resumidamente, pretendia-se: na primeira opção, eliminar a carga poluidora de esgotos domésticos e industriais antes que fossem lançados nos rios e na represa Billings, construindo para tanto uma rede coletora e descarregando-os no rio Tietê a jusante da cidade de Pirapora, local de maior vazão e, portanto, passível de suportar uma carga mais intensa de poluentes, principalmente de natureza orgânica; o segundo cenário previa o lançamento dessa mesma carga poluidora diretamente no reservatório do rio das Pedras, e essas águas, após movimentarem as turbinas da usina hidroelétrica Henry Borden, em Cubatão, seriam destinadas ao oceano Atlântico; a terceira opção aventada seria a construção de oito ETEs, das quais seis seriam do tipo Lodos Ativados e duas apenas de tratamento primário. Nesta última, a maior parte da carga poluente doméstica e industrial seria encaminhada a uma ETE (tratamento primário) situada às margens da represa Billings, havendo ainda três estações de menor dimensão atendendo a coleta dos esgotos das áreas mais distantes da represa.

A opção selecionada recaiu na proposição de se construir a ETE junto à represa Billings e outras três servindo as regiões mais distantes. Previa-se a construção de um túnel ou de uma linha de recalque desde a ETE até o ponto de descarga da Billings nos condutos forçados da usina hidroelétrica Henry Borden. As demais alternativas foram rejeitadas, fosse pelo custo e pelas dificuldades de implantação, fosse ainda por impedir o uso futuro dos corpos receptores como mananciais de abastecimento.

O relatório da Hazen & Sawyer foi meritório por ordenar e definir as proposições dos planos e projetos até então elaborados, envolvendo a coleta ou remoção através de redes coletoras, dutos troncos, emissários etc; o tratamento em ETEs e o lançamento e a disposição dos efluentes.

Embora o DAE tenha recomendado que esse plano devesse ser conduzido a longo prazo, nenhuma ETE chegou a ser efetivamente implantada. Mas ao mesmo tempo em que a empresa Hazen & Sawyer trabalhava para o DAE, formou-se um consórcio de consultores nacionais, conhecido como "Convênio Hibrace", que, contratado em 1963 pelo Departamento de Águas e Energia Elétrica do Estado de São Paulo (DAEE), estudou o estabelecimento de um Plano Diretor destinado a ordenar o aproveitamento dos recursos hídricos das bacias hidrográficas dos rios Tietê e Cubatão, apresentando outras alternativas para a disposição dos esgotos domésticos na Região Metropolitana de São Paulo.

As empresas que compunham o Convênio Hibrace, a Hidroservice, a Brasconsult e a Iesa, efetivamente, em 1968, estudaram um plano de desenvolvimento global dos recursos hídricos das bacias do Alto Tietê e Cubatão, tendo sido os trabalhos supervisionados pela Comissão de Planejamento do Alto Tietê (COPLAT), instituída pelo DAEE e integrada por técnicos e docentes de alto nível, membros do DAE, Departamento de Obras Sanitárias (DOS), Companhia Metropolitana de Águas do Estado de São Paulo (COMASP), da USP e do próprio DAEE.

As áreas consideradas por esses profissionais nacionais foram: a metropolitana, abrangendo os subsistemas Billings, compreendendo a cidade de São Paulo, São Miguel Paulista e os municípios vizinhos Mogi das Cruzes e Suzano; a sub-bacia do rio Juqueri; Tietê Superior e a bacia do rio Cubatão.

Entre os vários esquemas apresentados pelo Convênio Hibrace, o de número VIII preconizava a coleta e o bombeamento dos esgotos por meio de estações elevatórias no subsistema Billings para uma série de "lagoas de estabilização" (processo biológico de tratamento secundário), que seriam constituídas pelos próprios braços da represa Billings (Taquacetuba, este que, atualmente, mediante tratamento, é utilizado para o abastecimento público de água potável; Cocaia e outros). Os efluentes dessas lagoas seriam encaminhados à represa do rio das Pedras, sendo posteriormente aproveitados para movimentar as turbinas da hidroelétrica de Cubatão, seguindo então para a zona estuarina e o oceano Atlântico.

Os esgotos dos subsistemas São Miguel Paulista e Mogi das Cruzes – Suzano derivaram para as ETEs tipo Lodos Ativados e os efluentes destas eram lançados no rio Tietê.

Convém esclarecer que esse esquema praticamente coincide com a opção selecionada no plano Hazen & Sawyer e foi o escolhido pelo fato de reduzir ao mínimo possível a construção de ETEs.

Para operacionalizar esse projeto, foram estimados os recursos disponíveis e a serem solicitados; revistos os planos e projetos existentes; avaliados os potenciais de desenvolvimento e elaborado o plano diretor.

Pretendia-se entregar ao governo do estado um cronograma de obras a ser desenvolvido até 2000, pois este não era um plano rígido e imutável, mas sim uma estratégia de ação e desenvolvimento. Nesse estudo, foram elaborados e calibrados modelos matemáticos do subsistema Juqueri; efetuados os cálculos para o balanço de oxigênio dissolvido no sistema hídrico que abrange a Bacia do Alto Tietê; dimensionados condutos para adução de água na Região Metropolitana de São Paulo e desenvolvidos outros trabalhos de natureza hidrológica.

Todavia, ao serem levantados dados e pesquisadas as ações inerentes a esse plano, verificou-se que o sistema das lagoas de estabilização em série previsto, assim como as ETEs dos subsistemas São Miguel Paulista e Mogi das Cruzes – Suzano, não chegaram a ser implantados.

Em 1969, o Prof. Dr. Eduardo Riomey Yassuda, sanitarista e secretário de viação e obras públicas do estado de São Paulo, determinou ao Fundo Estadual de Saneamento Básico (FESB), por meio do Centro Tecnológico de Saneamento Básico (CETESB), que instituísse uma comissão destinada a emergencialmente elaborar um Plano Estadual de Controle da Poluição das Águas. Compunham o grupo de trabalho os engenheiros Flávio D. A. Costa, Otacílio Alves Caldeira, Celso Eufrásio Monteiro, Alvino Genda e Geraldo Pascal, os quais, sob a supervisão do engenheiro e professor da Escola Politécnica da USP, Dr. Paulo Soichi Nogami e apoiados tecnicamente pelo químico Fernando Fukuda e pelo biólogo Aristides Almeida Rocha, autor destas linhas, desenvolveram em tempo recorde o referido plano. Este, entre outros objetivos, fundamentalmente visou à proteção e manutenção da qualidade das águas de rios e reservatórios de abastecimento que ainda estivessem preservados e sustar a degradação naqueles já afetados pela poluição e contaminação.

Pautado nessas premissas, deu-se início a várias ações, com destaque para: hierarquização dos rios e bacias hidrográficas, classificando-os quanto às prioridades de uso, mediante levantamentos, inspeções de campo, análises de amostras em laboratório e estabelecimento de perfis sanitários; assessoria às prefeituras municipais e indústrias, propondo e indicando soluções técnicas para o tratamento e a disposição final dos efluentes; estabelecimento das linhas de crédito e financiamentos aos municípios e indústrias com vistas à possível instalação de processos de tratamento; treinamento e reciclagem de pessoal envolvido na operação das estações de tratamento de águas para abastecimento e de esgotos, já existentes, em construção e projetadas e efetivo exercício da coerção, com base na legislação vigente quando necessário.

Na Região Metropolitana de São Paulo, esse programa deu ênfase aos mananciais de abastecimento das represas do Guarapiranga e Billings (Braço do Rio Grande) e Bacia do Alto Tietê. Embora tenham sido parcialmente desenvolvidos, sem dúvida representaram um sensível avanço, permitindo fortalecer institucionalmente o sistema de gestão ambiental até hoje vigente (e apoiado principalmente nas ações da Sabesp, CETESB e DAEE), bem como serviram para dar início à conscientização da sociedade civil, processo que iria se materializar com o advento das ONGs.

Em 1970, uma equipe multidisciplinar representada por três grandes empresas nacionais elaborou o Plano Metropolitano de Desenvolvimento Integrado (PMDI), atendendo ao Grupo Executivo da Grande São Paulo (GEGRAN), instituído pelo governo do estado; ou Plano Diretor de Esgotos da Grande São Paulo, que ficou conhecido como a "solução integrada".

O planejamento de arrojada concepção levou em conta as projeções populacionais futuras e a distribuição demográfica existente; considerava os vetores de expansão urbana e os desenvolvimentos a curto, médio e longo prazos; preocupava-se com a proteção dos recursos naturais, mormente a preservação dos mananciais de abastecimento de água existentes, como as represas do Guarapiranga e Billings, bem como os potenciais; situava prazos para recuperar a qualidade sanitária e ecológica das águas dos rios; contemplava a previsão escalonada da construção de elevatórias, emissários de alta carga e programas de reúso das águas.

A solução era integrada, pois as intervenções do PMDI baseavam-se, ao contrário dos planos até então propostos, numa visão dos problemas na macrorregião envolvendo os objetivos e estudos daqueles, incluindo os de natureza setorial, tanto para esgotos quanto para recursos hídricos, estruturalmente compatibilizados e integrados.

O projeto foi amplamente divulgado e discutido, numa época em que não havia a obrigatoriedade do Relatório de Impacto Ambiental (RIMA), e tampouco da exigência de audiência pública. Foi apresentado ao GEGRAN da Secretaria de Economia e Planejamento do Estado de São Paulo, discutido à saciedade em sessões da Secretaria de Obras e da antiga Sabesp, na extinta Comasp, no Fundo Estadual de Saneamento Básico (FESB), no DAEE, na Superintendência de Saneamento (SUSAM), no CETESB, na Faculdade de Saúde Pública da USP e em outros fóruns de debate.

Em 17 de janeiro de 1972, o governo do estado baixou o Decreto n. 52.804, classificando os cursos d'água segundo as proposições do PMDI, e em 26 de setembro do mesmo ano, a Sanesp e o GEGRAN firmaram contrato para o desenvolvimento de estudos para implantação da Solução Integrada em nível de Plano Diretor de Esgotos.

Em fevereiro de 1973, a Sanesp e o CETESB (este que nesse ano seria transformado em companhia de capital misto) firmaram acordo para o desenvolvimento de estudos conjuntos, visando atender ao abrangente projeto destinado a equacionar os problemas de poluição das águas da bacia hidrográfica do Tietê. Na sequência histórica, em 25 de julho de 1974, o governador Laudo Natel autorizou o prosseguimento de ações para implementar a primeira etapa da solução integrada.

Basicamente, o plano considerava na RMSP as áreas urbanas, caracterizadas pela região central e conurbação das cidades periféricas, e aquelas ainda relativamente livres, representadas pelas florestas como recursos paisagísticos e formação rural servindo como reservas naturais e áreas de proteção de mananciais.

Na área central, em sua maior parcela, os esgotos seriam conduzidos até a ETE de Vila Leopoldina, junto à via marginal do rio Tietê, nas proximidades da confluência deste com o rio Pinheiros, pela convergência dos interceptores e emissários existentes e previstos para a implantação. Desse local, os esgotos seguiriam em um emissário por gravidade em conduto livre (portanto, sem gasto de energia elétrica), parte em galeria enterrada e outra em trecho de maior extensão através de um túnel (secção aproximada de 35 m^2) sob a Serra do Mar, passando embaixo do Pico do Jaraguá e chegando ao vale do rio Juqueri.

Para equacionar o destino dos esgotos a partir desse ponto, duas propostas foram apresentadas. A instalação de uma ETE primária, após esgotada a capacidade depuradora das ETEs de Pinheiros e Vila Leopoldina já existentes, com ou sem aeração prévia ao longo do túnel, sendo o efluente lançado na represa de Pirapora que é formada pelo rio Juqueri e seria transformada em Lagoa de Estabilização para o tratamento secundário, é uma alternativa. Deve-se lembrar que esta já estava comprometida por receber efluentes, principalmente da indústria papeleira.

A outra solução seria o lançamento dos esgotos sem qualquer tratamento ou aeração prévia, no braço da represa de Pirapora, formada pelo rio Juqueri, transformando-a em Lagoa de Estabilização Anaeróbia.

Em ambas opções, mesmo em anaerobiose, como a lagoa situa-se em zona desabitada, em local abrigado atrás da Serra da Cantareira, o problema da eventual produção de odor seria minimizado; devendo-se ainda mencionar, que dadas as disponibilidades de área, estavam previstas instalações de outros sistemas de tratamento no local, previamente ao lançamento dos esgotos na represa/lagoa, que então funcionaria como Lagoa de Estabilização Facultativa (aeróbia/anaeróbia). Nos dois casos, as condições de tratamento seriam equivalentes às de um processo secundário convencional, e o lodo formado poderia ser digerido na própria lagoa ou tratado para disposição em aterro sanitário na região, portanto, afastado dos mananciais de abastecimento, longe de áreas destinadas à recreação e das cidades.

O efluente da Lagoa Facultativa poderia ter três destinos:

- o volume ser lançado no rio Tietê a jusante e sofrer naturalmente o processo de autodepuração em percurso de 600 km, mas passando por tratamento em reservatórios basicamente de função energética;
- o volume sofrer bombeamento na elevatória Edgard de Souza, sendo o reservatório transformado em Lagoa de Estabilização Aerada, seguindo para a represa Billings, via canal do rio Pinheiros e elevatórias de Traição e Pedreira;
- o volume ser percentualmente dividido, seguindo cada parcela em um dos dois anteriormente descritos.

Figura 10.2 – Vista de construção da antiga Usina de Traição situada na desembocadura do rio ou córrego da Traição no rio Pinheiros. Traição foi transformada em Estação Elevatória, enviando, quando necessário, as águas do Pinheiros para a represa Billings.

A represa Billings poderia ser compartimentada e os braços formados pelos rios Bororé, Taquacetuba, Pedra Branca, Capivari, Pequeno e Grande poderiam ser barrados para a utilização da água no abastecimento público mediante tratamento, uso para recreação e piscicultura; assim também como com os braços dos rios Alvarenga e Cocaia após suas recuperações.

O corpo central da represa, embora destinado à geração de energia e eventual uso no abastecimento público, na região da barragem da Pedreira, funcionaria como uma lagoa de estabilização, pois os estudos indicavam assimilação e capacidade depuradora da carga poluente recebida de canal do rio Pinheiros. Assim, ao atingir a represa do rio das Pedras, o efluente estaria em qualidade satisfatória para acionar as turbinas da hidroelétrica Henry Borden, em Cubatão.

Ao se confrontar as alternativas da solução integrada com as apresentadas nos planos anteriores, concluiu-se que tanto pelas configurações inicial e final, quanto pelo custo-benefício, estas eram mais interessantes. Ficou comprovada a maior compatibilidade com o plano de desenvolvimento metropolitano integrado; a facilidade de se fracionar a implantação do projeto por etapas; a melhor adequação e eficiência no uso dos recursos hídricos, principalmente na represa Billings; os menores custos da implantação e o ajuste da área para tratamento e disposição do lodo quanto às exigências de manter um melhor ambiente urbano.

Assim foram iniciadas e concluídas as obras de complementação e adequação da ETE de Pinheiros; a reforma da ETE de Vila Leopoldina; foram construídos os interceptores Norte de Pinheiros e Leste de Vila Leopoldina; implantados os coletores e as estações elevatórias dos sistemas anteriores; foram edificadas as estações elevatórias de baixa carga de Pinheiros e de Guarapiranga.

Entretanto, entre 1970 e 1974, dois fatos conferiram novos rumos no programa de esgotos da RMSP, alterando o cronograma de obras e a própria configuração do sistema em implantação: a criação da Sabesp e o estabelecimento do convênio SEP – GEGRAN – Sabesp, entidades governamentais que instituíram o Plano Diretor de Esgotos da Grande São Paulo – Solução Integrada, que, aprovado em julho de 1974, modificou parte da concepção original de tal maneira que algumas obras previstas foram paralisadas, enquanto outras deixaram de ser executadas, como a Estação Elevatória de Alta Carga de São Caetano do Sul e os emissários para o reservatório Billings.

As modificações sugeridas geraram intensa polêmica, tendo a discussão se polarizado e assumido contornos políticos e ideológicos, defrontando-se os segmentos de maior visão ambiental e sanitária com aqueles arautos da premente necessidade da realização de obras, até que a pendenga fosse à esfera judicial. Optou-se por adotar uma solução híbrida na qual os elementos do sistema, que havia sido interrompido, compatíveis com as novas proposições foram aproveitados. Por fim, os trabalhos e as obras foram retomados, dando-se início à construção da ETE de Suzano, e outras como os interceptores e a ETE no ABC, para atenuar a poluição no rio Tamanduateí, afluente do rio Tietê.

Em 1976, a Sabesp, após estudos, apresentou um plano destinado a equacionar o Sistema de Esgotos da Grande São Paulo e o controle da poluição das águas da Bacia do Alto Tietê. Conhecido como Sanegran, viria finalmente a ser em definitivo implementado, apenas quando numa época em que o déficit dos serviços da rede coletora de esgotos atingia 60% dos habitantes da região metropolitana; cerca de 6 milhões de pessoas ainda utilizavam fossas ou outras soluções individuais.

Utilizando os recursos do PLANASA e aproveitando tanto quanto possível os estudos e projetos existentes e em andamento, outras obras mais emergenciais tiveram início. Pretendendo contemplar as necessidades até 2000, ano ao qual à época estimava-se, para a RMSP, 24 milhões de habitantes, e tendo em vista a restrição nos repasses de recursos financeiros do governo federal em face do acelerado processo inflacionário que começava a se acentuar, a Sabesp passou a estudar opções, readequando o orçamento e implantando as obras de modo escalonado por meio de módulos. Entre 1978 e 1983, os recursos foram obtidos junto ao BNH e ao BIRD, complementados pelo próprio Governo do Estado.

O GEGRAN permitiu iniciar e/ou concluir a construção de interceptores, coletores tronco, emissários etc., bem como introduzir a edificação das ETEs, que, após paralisações em governos que se sucederam, seriam em seu primeiro módulo concluídas somente na gestão Mário Covas, no final da década de 1990.

Observa-se que a ETE de Barueri foi projetada para uma vazão média de 63 m^3/s; a de Suzano, de 16,9 m^3/s; e a do ABC, de 15,1 m^3/s. Elas são constantes dos planos anteriores, sendo que a vazão média projetada de Novo Mundo era de 7,6 m^3/s e a de São Miguel Paulista, de 1,5 m^3/s. Esse cenário é devido à falta de redes coletoras e de coletores tronco. Em 1998, ainda que a vazão nominal de Barueri fosse 7,0 m^3/s, somente eram tratados 4,0 m^3/s; a de Suzano era de 1,5 m^3/s, e apenas 0,7 m^3/s era tratado; a do ABC era de 3,0 m^3/s, e só 1,5 m^3/s era tratado; a de Novo Mundo era de 3,5 m^3/s, com 3 m^3/s tratados; e a de São Miguel Paulista, de 1,5 m^3/s, e atingia o volume tratado correspondente a 0,4 m^3/s.

Essa situação, embora ainda não ideal, melhorou um pouco mais em face da gradativa ampliação da capacidade das estações de tratamento dos esgotos, associada à implantação de outros projetos e programas paralelos, representando, sem dúvida, um significativo avanço e fornecendo a dimensão das dificuldades no equacionamento do problema, o qual atingiu essas proporções, em face das injunções mais de natureza política do que propriamente técnicas.

Em 1991, as autoridades constituídas, ao que parece pressionadas pelo clamor popular estimulado por movimentos ambientalistas conduzidos por ONGs, as verdadeiras caixas de ressonância das reivindicações da sociedade civil, instituíram o Programa de Despoluição do Tietê, o chamado Projeto Tietê, contando com recursos do próprio Governo do Estado de São Paulo, do BID (US$ 450 milhões), do japonês *The Overseas Economic Cooperation Fund* – OECF (Fundo externo de cooperação econômica – US$ 508 milhões), além de outros aportes da iniciativa privada. Este programa, que está em curso, pretende equacionar não só o lançamento dos esgotos domésticos, como também os de natureza industrial, adequando, quando possível, o lançamento na rede pública.

Na verdade, esse programa, que vem sendo introduzido em várias etapas, nem sempre diz respeito às atividades destinadas ao controle da poluição, como o rebaixamento da calha ou do leito do rio, que mais se destina a permitir um maior escoamento das águas durante os períodos de intensa precipitação pluvial, e pelo aumento da vazão evitar as enchentes. De qualquer modo, tem lá sua influência na qualidade das águas, pois estão sendo removidos dejetos que por anos foram depositados ao longo do rio, caracterizados por materiais tóxicos, restos de pneus, peças de veículos, lixo em geral etc.

Para um maior entendimento, são aqui discriminadas as principais etapas desse ambicioso projeto:

- Interceptação e coleta dos esgotos, construindo 2 mil km de redes, sendo destas 547 km de coletores troncos, 119 km de interceptores e outros tipos de condutos;
- Despoluição industrial, tarefa executada pela CETESB, inicialmente cadastrando 1.250 indústrias, e destas, para as cerca de 720 de maior potencial poluidor, elaborar escalonadamente os respectivos processos de tratamento, reduzindo gradativamente a carga poluidora até atingir cerca de 90% da redução da poluição até o início do século XXI, ao custo de US$ 500 milhões;
- Execução de obras hidráulicas pelo DAEE, construindo a barragem nos rios Biritiba-Paraitinga e canalizando o rio Cabuçu de Cima numa extensão de 10,5 km, além de processar o rebaixamento da calha do rio em percurso de 16,5 km, a ser executada em duas fases;
- Remoção, tratamento e destinação final dos resíduos sólidos (lixo), atividade a ser executada pela Companhia de Gás (Comgás), Centrais Elétricas do Estado de São Paulo (CESP) e Eletropaulo, que se ocupariam da construção de uma usina processadora de lixo equivalente a 1.800 toneladas diárias, estando a obra orçada em US$ 2,27 milhões.

O programa, que atualmente segue sendo executado (em 1999, segundo Adorno, já estavam concluídas 11% das redes coletoras de esgotos, 25% das ligações domiciliares, 15,4% dos coletores-tronco e 17,2% dos interceptores), deverá até a conclusão das várias etapas ter absorvido US$ 1,9 bilhões e livrar o rio Tietê na região metropolitana de cerca de 90% da poluição, permitindo que este possa reassumir seu papel de rio da metrópole, e não de canal de esgotos; possibilitará albergar fauna aquática típica, inclusive certas espécies de peixes e flora, mesmo considerando terem havido retificações, aprofundamento do leito e ocupação do entorno. Ele será ainda um rio, talvez impróprio à recreação de contato primário, como natação, mergulho etc., mas estará cumprindo o seu papel de recurso hídrico, inserido novamente no contexto sociocultural e paisagístico da sociedade paulistana e paulista, permitindo que por ele se possa navegar ou simplesmente ser de suas margens contemplado.

A propósito, pergunta-se: para uma sociedade capitalista que, durante séculos vem usufruindo desse bem natural, os custos para se atingir esta tão sonhada recuperação representam um grande ônus econômico? Aqueles que afirmam positivamente, pensa-se, não estão assumindo uma posição extremamente antropocêntrica e pragmática desenvolvimentista?

De fato, repassando as tentativas no sentido de propiciar à região metropolitana condições mínimas para dispor dos serviços de saneamento adequados para a maioria da população (e a despoluição do rio Tietê, ao contrário do que alguns engenheiros e arquitetos afirmam, faz parte desse contexto), observa-se que as instituições públicas, embora apoiadas em quadros técnicos e científicos do mais alto nível, padecem das injunções da política, e às vezes de políticos que nem sempre têm maiores escrúpulos ao tratar dos assuntos de interesse da comunidade, como saneamento e saúde pública, por exemplo, não priorizando esses programas com igual intensidade com que atendem outros segmentos.

É muito pertinente para corroborar as assertivas expostas, quanto à lentidão nas decisões governamentais, e que no mais das vezes se desenvolvem ao sabor das circunstâncias correntes político-partidárias dominantes em certo momento, observar o que dizia o senhor José Joaquim de Freitas, fiscal dos rios da capital paulista, no início do século XX:

> De há muito acompanho *pari-passu* as medidas e providências que a administração vai esforçadamente tomando ou planeando para saneamento da cidade e bem-estar de seus habitantes. De há muito me arreceio pela poluição do rio Tietê, e espero pelo remédio contra esse mal. Mas há dois anos que esse receio se tornou se tornou um pavor, e hoje sinto necessidade de chamar a zelosa atenção do senhor Prefeito para que retome dos poderes componentes a solução desse problema de vida ou de morte para São Paulo. A municipalidade saneia e embeleza as várzeas do rio. Seria triste que esse mesmo rio, um pouco mais abaixo, na vizinhança imediato, se tornasse o foco de infecção para a grande cidade.
> Os fatos que tenho observado e que vão tomando grande vulto são os seguintes: no tempo da seca há no Rio Tietê, em diversos pontos, grandes ilhas de lodo que ficam a descoberto, em ativa fermentação.
> Vêem-se à superfície da lama pútridas bolhas que se levantam e rebentam, pra escapamento de gases, ao sol quente estão em verdadeira efervescência. Essas ilhas vão crescendo e multiplicando-se. É a matéria dos esgotos que a corrente minguada na seca e quase sem velocidade não pode carregar. (ROCHA, 1997, p. 95).

Como se percebe, desde aquele tempo até o presente, a degradação continuou se acentuando, mesmo depois que a extinta RAE teve em caráter experimental instalado um sistema de tratamento de esgotos na Ponte Pequena. Esta, que teve aprovada sua eficiência, induziu em 1937 que fosse construída uma ETE no Ipiranga, assunto comentado. Essa ETE, hoje transformada em escola e centro de treinamento na Rua do Manifesto, recebeu posteriormente o nome de seu idealizador, João Pedro de Jesus Neto, como citado.

CAPÍTULO 11

O gerenciamento da água atualmente no Brasil

A água, elemento vital a todos os seres vivos, é um recurso natural renovável, que ocorre na Terra, simultaneamente nos três estados físicos: líquido, sólido e gasoso (ROCHA, 1994). Mas, ao se fazer referência ao vocábulo água (quimicamente H_2O), em geral, tem-se em mente tão somente o elemento natural, sem levar em conta usos ou aproveitamentos diversos. Entretanto, ao se empregar o termo "recursos hídricos", a conotação passa a ser de um bem econômico, mesmo que nem sempre todo recurso hídrico ofereça viabilidade econômica.

O importante é ressaltar que a água, bem econômico ou não, constitui elemento essencial à sobrevivência dos seres vivos. Nessas condições, não basta, por exemplo, às populações humanas que apenas disponham de água em quantidade, mas sim que esta apresente um padrão mínimo de qualidade que a possa tornar disponível ao consumo e de modo sanitariamente seguro (BRANCO; ROCHA, 1977).

A inexorável evolução do ser humano e a criação de tecnologia em princípio destinada a gerar conforto e bem-estar, processo nem sempre acompanhado de medidas restritivas visando proteger o meio ambiente e os recursos por ele proporcionados, paradoxalmente, têm, de maneira brusca ou gradativa, comprometido inúmeros ecossistemas, muitos até irremediavelmente.

As chamadas águas interiores, os rios, os lagos, as represas e mesmo as águas subterrâneas e subsuperficiais, lençóis d'água e aquíferos, estes verdadeiros reservatórios, apresentam-se em várias regiões dos continentes diversos, contaminados e poluídos.

Inúmeros rios de importantes bacias hidrográficas e regiões estuarinas recebem *in natura* os dejetos das cidades e/ou lançamentos de despejos industriais, alterando a biota, comprometendo a biodiversidade, conferindo toxidez, restringindo o uso para abastecimento ou onerando o tratamento.

A poluição dos recursos hídricos na dimensão e escala que atualmente ocorre em vários países do globo, inclusive o Brasil, teve início na Inglaterra durante a revolução industrial da segunda metade dos anos de 1700, quando se estabeleceu a prática corrente de eleger os corpos de água como receptores e veículos transportadores de esgotos sanitários e industriais.

Embora não se possa questionar a importância da tecnologia como atividade essencial não só ao conforto e bem-estar da humanidade, mas à própria sobrevivência, pois o homem é capaz de suprir, artificial ou artificiosamente, suas deficiências biológicas, adaptando-se às mais diversas circunstâncias e variações do meio, utilizando-se da instrução e invenção, o avanço tecnológico, entretanto, deve ser planificado a fim de atender a alguns requisitos principais.

Nesse sentido, Branco e Rocha (1987) assinalam que:

- somente deveriam ser introduzidas inovações na medida em que fossem necessárias à contínua adaptação do homem para a evolução do meio;
- qualquer inovação deveria ser analisada em suas mínimas consequências, de maneira a permitir o desenvolvimento de todo substrato tecnológico capaz de impedir ou neutralizar a introdução de resultados secundários nocivos.

Contudo, em nosso país, após anos e anos de negligência, à medida que as águas foram sendo conspurcadas, apenas algumas esparsas vozes de vários segmentos da sociedade de quando em quando se faziam ouvir, alertando sobre os impactos que iam se sucedendo. Assim, só muito lentamente a classe política dirigente foi sendo sensibilizada, induzindo de início a incipientes medidas de proteção. O setor produtivo acompanhou esse movimento, nem tanto pela preocupação ambiental, mas sobretudo pelos prejuízos econômicos sofridos, afetando seus próprios empreendimentos, em razão da falta de água para a produção, deterioração do produto manufaturado em face da poluição do ar, contaminação do solo gerando passivo ambiental, escassez de energia etc. Cidades que no final do século XIX e início do século XX freneticamente se industrializaram, como São Paulo, transformando-se na metade do século XX na terceira metrópole mundial, até o presente pagam pesado "tributo ambiental" pelos óbices que irreversivelmente afetaram-nas.

Porém, é necessário ressaltar também que, indubitavelmente, a atual liderança nos sistemas de gestão e controle do meio ambiente em geral e dos recursos hídricos existentes no estado de São Paulo, paradoxalmente, acontece exatamente em função dos inúmeros problemas que se acumularam ao longo dos desvarios nos anos em que a qualquer custo se perseguia o "progresso".

Esse cenário ocorrido em São Paulo, em que o rio Tietê é um dos mais tristes exemplos, segundo Rocha (1991), entretanto, caracteriza o que no geral houve com a ocupação da terra e do espaço em outras regiões brasileiras. No Rio de Janeiro, a antiga capital do Brasil, a maravilhosa Baía da Guanabara crescentemente recebeu uma carga de poluição até comprometer a balneabilidade das praias e exigir atualmente extraordinárias fontes de recursos aplicados em programas de despoluição que estão em curso. O rio Guaíba, em Porto Alegre, no estado do Rio Grande do Sul, transformou-se em outro exemplo de curso de água que, acompanhando o crescimento da cidade, chegou a um grau máximo de poluição, até que por volta dos anos de 1970, as autoridades estaduais passaram a se instrumentalizar no sentido de deter o processo de degradação.

Mas o território brasileiro, com dimensões continentais, a partir do chamado período do "milagre brasileiro", durante o regime ditatorial que se estendeu de 1964 até os anos de 1980, viria, novamente em nome da necessidade premente do progresso, a sofrer inúmeras e profundas intervenções de caráter ambiental. Enormes represas influindo formidavelmente no meio ambiente seriam construídas: Tucuruí (350 km de extensão), que fez desaparecer apreciável parcela da Mata Amazônica, e Itaipu, fazendo desaparecer o famoso Salto Sete Quedas. Esses são alguns dos exemplos da ocupação humana alterando ecossistemas, e, por vezes temporária ou permanentemente, comprometendo a própria qualidade da água e modificando para sempre o regime reofílico dos rios; apregoa-se sempre que é uma questão do custo x benefício, esquecendo-se muitas vezes do ônus refletido no cotidiano da vida dos munícipes.

A experiência brasileira em relação à gestão dos recursos hídricos diz respeito às regiões de características bastante díspares, que conformam um universo territorial de 8.511.965 km² de superfície, incluindo 55.457 km² de águas interiores.

Ressalte-se que o Brasil é atravessado pelas Linhas do Equador e do Trópico de Capricórnio, situando-se, portanto, nas zonas tórrida e temperada do sul. O Brasil é o único país do mundo que, tendo terras nos hemisférios norte e sul, vai além de um dos trópicos. Assim, acima da Linha do Equador encontram-se 598.656 km² (cerca de 7% do país) e abaixo da Linha do Trópico de capricórnio 600.731 km². A superfície total corresponde a 47% da América do Sul e o país representa 1/17 das terras emersas e 1/60 da área total do planeta.

A área de drenagem do Brasil – Amazonas total é de 10.724.000 km², com uma vazão média de 251.000 m³/s, propiciando uma produção hídrica de 177.900 m³/s e mais de 73.100 m³/s da Amazônia internacional, representando 53% da produção de água doce do continente sul americano (334.000 m³/s) e 12% do total mundial (1.488.000 m³/s) (REBOUÇAS,1999).

O ser humano desde os tempos imemoriais tem utilizado a água para inúmeros fins: manutenção de suas funções vitais; higiene pessoal; preparação de alimentos; recreação; pesca; dessedentação de animais; irrigação para agricultura; navegação e transporte de pessoas e materiais; abastecimentos domiciliar e industrial; produção de energia; diluição de esgotos sanitários e despejos industriais.

Para o abastecimento da população brasileira, a disponibilidade de recursos hídricos pode ser evidenciada na Tabela 11.1.

Tabela 11.1 – Distribuição dos recursos hídricos, superfície e população do Brasil, por região, em porcentagem a respeito do total do país

Região	Recursos hídricos (%)	Superfície (%)	População (%)
Norte	6,98	68,50	45,30
Centro-Oeste	6,41	15,70	18,80
Sul	15,05	6,50	6,80
Sudeste	42,65	6,00	10,80
Nordeste	28,91	3,30	18,30
Total	100,00	100,00	100,00

Fonte: UNIÁGUA, 2008.

Evidencia-se que, na verdade, o que preocupa no Brasil não é propriamente a falta ou escassez de água, ainda que se considere a não uniforme distribuição do recurso hídrico. Existe, sim, como afirma Rebouças (1999, p. 20), a

> ausência de um padrão cultural que agregue ética e melhor eficiência de desempenho político dos governos, da sociedade organizada, das ações públicas e privadas, promotoras do desenvolvimento econômico em geral e da sua água doce em particular.

De qualquer modo, a experiência acumulada e a disponibilidade atual de métodos e pessoal qualificado para o manejo dos recursos hídricos, aliadas ao predisposto na Carta Magna do país, a Constituição de 1988, Artigo 20, Inciso III, e Artigo 26, Inciso I, que modificou a definição do antigo Código de Águas (Decreto n. 2.463, de 10 de julho de 1934, que conferia competência para administração dos recursos hídricos ao Ministério da Agricultura), atribuindo as águas aos domínios da União e dos estados, permitem que o país possa hoje adotar concretas medidas na gestão das águas superficiais e subterrâneas.

Nesse contexto, compete às empresas de saneamento básico e controle da poluição propiciarem à população, com eficiência – e muitas o fazem –, água de qualidade garantida, coletando, tratando e dispondo convenientemente os esgotos sanitários e despejos industriais.

Assinala-se que, dos pontos de vista administrativo e institucional, assim como ocorre com os setores de energia, transporte, navegação, turismo e outros, o de recursos hídricos já tem, em nível nacional, suficiente massa crítica e densidade para ser tratado individualmente. À semelhança de outros países, o Brasil atualmente dispõe de um dos mais modernos sistemas de gestão dos recursos hídricos, baseado em verdadeiro pacto federativo, o Sistema Nacional de Gerenciamento de Recursos Hídricos (SINGREH), instituído segundo o predisposto no Artigo 21, Inciso XIX da Constituição Federal de 1988 (BRAGA et al., 2008; PORTO; PORTO, 2008).

A República Federativa do Brasil é constituída pela União: 26 estados e um distrito federal; são 5.561 municípios, havendo muitos destes que têm autonomia administrativa, por exemplo, para gerir os serviços do abastecimento de água e saneamento. Contudo, na gestão dos recursos hídricos, essa autonomia está restrita aos estados e à União. Reza a Constituição que "lagos, rios e qualquer corrente de água em território federal ou compartilhado por um ou mais Estados, servindo como fronteira com outro país," constituem bens da União, sendo os demais cursos d'água e as águas subterrâneas de domínio dos estados.

Percebe-se que a administração dos recursos hídricos no Brasil apresenta questões semelhantes às que envolvem a de bacias hidrográficas da fronteira entre países autônomos, exigindo um intenso processo de articulação. Veja-se que, no Brasil, embora o setor de abastecimento de água e saneamento apresente importância vital à sobrevivência, o maior consumo de água, cerca de 70%, destina-se à irrigação na agricultura; o abastecimento urbano consome 11%; a dessedentação animal, 11%; o uso industrial, 7%, e o abastecimento rural, 2%.

Obviamente, há a necessidade de um entendimento entre todos os estados e dos vários setores, para que se possa otimizar recursos e realizar uma boa gestão dos recursos hídricos disponíveis, que, como mencionado, não se distribuem equitativamente, dificultando o atendimento das demandas.

Para a gestão dos recursos hídricos no Brasil, passada uma primeira fase, com o advento da Lei n. 9.433/97, conhecida como a "Lei das Águas", foi estabelecida a Política Nacional de Recursos Hídricos (PNRH), tendo como principal objetivo permitir ao cidadão brasileiro dispor sempre de água, no presente e no futuro, dotada de condições adequadas em quantidade e qualidade, o que implica na manutenção de padrões condizentes com os vários usos.

Esse dispositivo legal preconiza também a preservação e manutenção dos recursos hídricos; a sustentabilidade deles por meio do uso racional e integrado, e a prevenção e defesa contra eventos hidrológicos.

Na gestão dos recursos hídricos, a PNRH assenta-se sobre os seguintes princípios:
- a água é reconhecida como um bem público e tem valor econômico;
- a água deve servir aos usos múltiplos;
- a água, quando em períodos de escassez, tem uso prioritário para o consumo humano e a dessedentação de animais;
- a água deve ter gestão descentralizada, constituindo a bacia hidrográfica a unidade territorial de planejamento;
- a água deve ter administração participativa e compartilhada, envolvendo o setor público, os usuários e a sociedade civil.

No atendimento desses princípios, a PNRH orienta-se por diretrizes gerais de ação (BRAGA et al., 2008, p. 19), assim resumidas:
- gestão sistemática dos recursos hídricos sem dissociação dos aspectos de quantidade e qualidade;
- adequação da gestão dos recursos hídricos às diversidades físicas, bióticas, demográficas, econômicas, culturais e sociais das diversas regiões do país;
- articulação da gestão de recursos hídricos com a gestão ambiental;
- articulação do planejamento dos recursos hídricos com o dos setores usuários e com os planejamentos regionais, estaduais e nacional;
- articulação da gestão de recursos hídricos com a gestão do uso do solo;
- integração da gestão das bacias hidrográficas com a dos sistemas estuarinos e das zonas costeiras.

A implantação do SINGREH permitiu implementar essas diretrizes de ação e aprimoramentos para se dispor de água em quantidade e qualidade. O SINGREH introduziu no Brasil o conceito de poluidor-pagador e usuário-pagador. Assim, a água passou a ser um bem valorado, ou seja, a ter valor econômico e, portanto, sua utilização sempre sujeita à cobrança.

O sistema, como visto, envolve toda a sociedade no processo de decisões, criando os Comitês de Bacia Hidrográfica, nos quais tomam assento representantes de governos, usuários e ONGs. Ao comitê cabe a responsabilidade da aprovação do Plano da Bacia Hidrográfica e da proposta de qual o valor a ser cobrado por determinado uso da água.

O SINGREH é integrado pelas seguintes entidades, tendo as respectivas competências e atribuições:
- Conselho Nacional de Recursos Hídricos – CNRH: esta é a instância máxima do SINGREH e a quem compete administrar conflitos de uso da água e subsidiar a formulação da PNRH.
- Secretaria de Recursos Hídricos – SRH: entidade federal responsável pela formulação da PNRH, além de atuar como secretaria executiva do CNRH.

- Agência Nacional de Águas – ANA: este órgão regula o uso dos recursos hídricos em rios de domínio da União; coordena a implementação do SINGREH em todo o território brasileiro; implementa e coordena a gestão compartilhada e integrada dos recursos hídricos; regula a utilização deles de forma sustentável, garantindo a disponibilidade para as gerações presentes e futuras.
- Conselho Estadual de Recursos Hídricos – CERH: entidade máxima em nível estadual a quem cabe administrar conflitos de uso no âmbito de sua jurisdição, além de subsidiar a Política Estadual de Recursos Hídricos.
- Gestor Estadual de Recursos Hídricos – GERH: entidade central e coordenadora do Sistema Estadual de Gerenciamento de Recursos Hídricos, tendo responsabilidades semelhantes às da ANA, destacando-se em nível estadual a outorga e fiscalização do uso de recursos hídricos.
- Comitê de Bacia Hidrográfica – CBH: entidade colegiada integrada pelo setor público, usuários, sociedade civil e ONGs, tendo competência na aprovação e execução do Plano de Bacia, além de instrumentalizar a cobrança pelo uso da água, valorar e sugerir ao CNRH.
- Agência de Bacia – AB: grupo executivo dos Comitês de Bacia a quem compete manter o balanço hídrico atualizado da disponibilidade de recursos hídricos, elaborar e manter atualizado o cadastro de usuários, operacionalizar a cobrança e elaborar o plano de bacia.

Em resumo, os instrumentos de gestão preconizados pela Lei das Águas e disponíveis para o SINGREH, conforme salientam Braga et al. (2008), consubstanciam-se em: plano de bacia hidrográfica, enquadramento dos corpos d'água, outorga, cobrança pelo uso dos recursos hídricos e sistema de informações.

A complexidade do SINGREH exigiu para sua implantação a criação de uma instituição que tivesse jurisdição em âmbito nacional. Assim, a Lei n. 9.984, de 17 de julho de 2000, estabeleceu que essa competência fosse atribuída à ANA, conforme relatado. Esta é dirigida por um colegiado de cinco membros indicados pelo Presidente da República e referendados pelo Senado Federal, sendo os mandatos não coincidentes de quatro anos e admitida uma única recondução consecutiva.

Com relação às atribuições da ANA, mais uma vez se recorre ao excelente resumo apresentado por Braga et al. (2008, p. 40), quando de modo sucinto destacam algumas competências de acordo com a citada Lei n. 9.984:

- supervisionar, controlar e avaliar as ações e atividades decorrentes do cumprimento da legislação federal pertinente aos recursos hídricos;
- disciplinar, em caráter normativo, a implementação, a operacionalização, o controle e a avaliação dos instrumentos da PNRH;

- elaborar estudos técnicos para subsidiar a definição, pelo Conselho Nacional de Recursos Hídricos (CNRH), dos valores a serem cobrados pelo uso de recursos hídricos de domínio da União, com base nos mecanismos e quantitativos sugeridos pelos CBH;
- estimular e apoiar as iniciativas voltadas para a criação de CBH;
- implementar, em articulação com os CBH, a cobrança pelo uso de recursos hídricos de domínio da União;
- arrecadar, distribuir e aplicar receitas auferidas por intermédio da cobrança pelo uso de recursos hídricos de domínio da União;
- planejar e promover ações destinadas a prevenir ou minimizar os efeitos de secas e inundações em articulação com o órgão central do Sistema Nacional de Defesa Civil, em apoio aos estados e municípios;
- promover a elaboração de estudos para subsidiar a aplicação de recursos financeiros da União em obras e serviços de regularização dos cursos de água, de alocação e distribuição de água, e de controle da poluição hídrica, em consonância com o estabelecido nos planos de recursos hídricos;
- definir e fiscalizar as condições de operação de reservatórios por agentes públicos e privados, visando a garantir o uso múltiplo dos recursos hídricos, conforme estabelecido nos planos de recursos hídricos das respectivas bacias hidrográficas;
- promover a coordenação das atividades desenvolvidas no âmbito da rede hidrometeorológica nacional, em articulação com órgãos e entidades públicos ou privados que a integram, ou que dela sejam usuários;
- organizar, implantar e gerir o Sistema Nacional de Informações sobre Recursos Hídricos;
- estimular a pesquisa e a capacitação de recursos humanos para a gestão de recursos hídricos;
- prestar apoio aos estados na criação de órgãos gestores de recursos hídricos;
- propor ao CNRH o estabelecimento de incentivos, inclusive financeiros, à conservação qualitativa e quantitativa de recursos hídricos.

A implementação do SINGREH tem o grande desafio de, sendo o Brasil um país federativo, certas bacias hidrográficas apresentarem rios que são administrados pelos estados e pela União. Nestas condições, é fundamental haver, para que o sistema não corra riscos, a gestão compartilhada e a compatibilização dos eventuais conflitos de interesse. Um clássico exemplo é o que ocorre na bacia do rio Paraíba do Sul, no qual o Comitê para Integração da Bacia do Rio Paraíba do Sul (Ceivap) decidiu pela cobrança do uso da água. O CNRH aprovou o valor proposto e a União, em 2003, iniciou a arrecadação nos rios de seu domínio. O estado do Rio de Janeiro o fez a partir de 2004 nos rios de sua jurisdição e também São Paulo desde 2007. Resta ainda a implementação da cobrança por Minas Gerais. Este é um exemplo de conflito que exige profundo entendimento entre as partes e demonstra a dificuldade da gestão dos recursos hídricos em um país que apresenta dimensões continentais.

A ANA, visando uma mínima condição de homogeneidade dos critérios de outorga, fiscalização e cobrança na abrangência de uma bacia hidrográfica, criou o que Braga et al. (2008) designam como a figura do "convênio de integração". Este é um pacto entre a ANA e os estados, havendo a interveniência dos comitês de bacia para resolver as pendências à luz do que preconiza a Lei das Águas. Entretanto, como nem todos os estados estão convenientemente estruturados e não dispõem de suficiente arcabouço institucional, a ANA instituiu também o "convênio de cooperação", apoiando técnica e financeiramente os estados no enfrentamento das dificuldades por ventura existentes.

Outro arranjo institucional foi o "contrato de gestão" entre o órgão federal ou estadual que tenha o domínio de determinado rio na bacia, permitindo que os recursos financeiros oriundos da cobrança pela União ou pelos estados possam ser repassados à agência de bacia e assim revertidos regionalmente.

O universo e a diversidade em que se dão as atividades de gestão dos recursos hídricos em território brasileiro ficam também evidenciados nos recentes dados do Ministério do Meio Ambiente (BRASIL, 2007), dando conta das diferenças existentes entre as regiões hidrográficas brasileiras. A observação dessse dados apresentados remetem ao fato de que existem Índices de Criticidade de Recursos Hídricos (ICRH). Estes, de acordo com Falkenmark (1992), estão associados à disponibilidade específica de recursos hídricos, refletindo os tipos de demanda em uma determinada região ou bacia hidrográfica, sendo expressos em m^3/hab.ano.

Hespanhol (2008, p. 142) afirma que, "em termos médios, o Brasil apresenta uma condição altamente favorável, dispondo de 33.944,73 m^3/hab.ano". Contudo, esses índices têm sido sensivelmente alterados.

Um exemplo particular acontece no estado de São Paulo que, em 1996, apresentava o valor médio de água disponível de 3.014,4 m^3/hab.ano, e de acordo com o IBGE (2015) esse índice caiu para 2.209,6 m^3/hab.ano. Em face do constante crescimento da população e do desenvolvimento industrial, há uma tendência para diminuir a disponibilidade hídrica, bem como a sua qualidade, sem incluir os períodos de grave estiagem. Na Região Metropolitana de São Paulo, a maior do país, a criticidade de recursos hídricos é refletida pelos índices de disponibilidade específica. Enquanto em 1996 tinham-se 216 m^3/hab.ano, em 2015, as estimativas do IBGE apontam para uma redução na disponibilidade para 165,1 m^3/hab.ano.

É necessário enfatizar que, até o início do século XX, a economia brasileira era basicamente agrícola e a utilização da água assumia aspectos regionais, quase restrita ao abastecimento municipal, ao uso agrícola e à incipiente utilização hidroelétrica. Contudo, com a expansão da cultura cafeeira e da industrialização, que aconteceu principalmente no estado de São Paulo, houve a necessidade de atender mais demandas. Assim, pioneiramente, em 1907, São Paulo propôs ao Congresso Nacional o estabelecimento do Código de Águas. Após tramitar nele durante 27 anos, em 10 de julho de 1934, promulgou-se o Código de Águas, Decreto n. 24.643.

Em 1939, criava-se o Conselho Nacional de Águas e Energia Elétrica (CNAEE), vinculado à Presidência da República e que, juntamente com a Divisão das Águas do Departamento Nacional de Produção Mineral, passou a gerenciar as águas destinadas à produção de energia elétrica.

Entretanto, passariam várias décadas até que a preocupação com a qualidade ambiental fosse incorporada nos processos decisórios relativos à utilização dos recursos naturais em todo o planeta. Em 1972, na Assembleia das Nações Unidas sobre o Meio Ambiente, em Estocolmo, foram incorporadas as discussões internacionais voltadas a um modelo de gestão dos recursos hídricos. Desde então, os estados brasileiros começaram a adequarem o seu arcabouço legal até que houvesse o advento da nova Constituição Federal de 1988, preconizando o Plano de Recursos Hídricos, o enquadramento e a classificação dos corpos d'água por meio do estabelecimento dos padrões de qualidade (Resolução Conama n. 357, de 17 de março de 2005), da outorga do direito do uso da água (Artigo 11 da Lei Federal n. 9.433/97), da cobrança pelo uso do recurso hídrico (Lei Federal n. 9.433/97), da criação de sistema integrado de informação (Artigo 25 da Lei Federal n. 9.433/97), conforme pormenorizadamente descrito.

Porém, justiça se faça, pois quando a União procurou disciplinar a gestão dos recursos hídricos inserindo o tema na Constituição de 1988, vários estados e municípios do Brasil, incluindo pioneiramente o estado de São Paulo, em virtude da crescente utilização das águas e do incremento da poluição, já tinham procurado, mais de vinte anos antes, instrumentalizar-se criando um arcabouço legal e instituindo órgãos de excelência no controle da poluição e tratamento das águas. Em São Paulo, a CETESB, desde o final da década de 1960, tornou-se laboratório de referência da OMS e Sabesp, uma das maiores empresas de saneamento, reconhecida internacionalmente. Estas albergam uma gama de profissionais especializados com formação técnica e científica nacional e no exterior, prestando serviços de consultoria e assessoria em âmbitos nacional e internacional (ROCHA, 1997).

Ainda nesse contexto, a USP, em várias de suas unidades e departamentos, também acompanhou essa evolução, principalmente na formação e capacitação de pessoal especializado, como é o caso especial da Faculdade de Saúde Pública, por meio do Departamento de Saúde Ambiental, que formou e continua nessa linha de ação no Brasil, em países da América do Sul, Europa e África, desde os anos de 1940.

No entanto, após a Constituição Federal de 1988, os estados no ano seguinte promulgaram as suas próprias constituições. Na de São Paulo, por exemplo, o capítulo referente aos recursos hídricos apenas procedeu a ajustes, adaptando-se quando preciso ao disposto na Carta Magna brasileira, pois, como mencionado, já possuía uma série de disposições legais, entre outras a classificação dos rios nas bacias hidrográficas do estado, o estabelecimento dos índices de qualidade, a cobrança pelo uso da água, as ações de controle da poluição etc.

Na Constituição do estado de São Paulo, de 1989, foram incorporados os preceitos de participação social e a descentralização integrada e participativa. O Capítulo IV, Seção II, sobre os recursos hídricos, define as principais diretrizes para a gestão e a preservação. Diversos artigos dessa carta do estado fazem explícita e pertinente referência aos recursos hídricos. Assim, o Artigo 205 preconiza a instituição do Sistema Integrado de Gerenciamento de Recursos Hídricos; o Artigo 206 estabelece a criação de programas permanentes de Conservação e Proteção de Águas Subterrâneas; o Artigo 208 proíbe o lançamento de efluentes e esgotos sanitários urbanos e industriais, sem o devido tratamento em qualquer corpo d'água; o Artigo 210 inclui diretrizes sobre a conservação dos recursos hídricos e prevenção contra os efeitos negativos à qualidade da água no âmbito dos municípios; o Artigo 213 é incisivo na inclusão do tema da proteção da água em termos quantitativos e qualitativos, quando da elaboração de dispositivos legais relativos às florestas, fauna, caça, pesca e conservação da natureza, defesa do solo e demais recursos naturais e ao meio ambiente (SÃO PAULO, 1989).

A gestão dos recursos hídricos no estado de São Paulo, entretanto, consolidou-se definitivamente com a promulgação, em 27 de dezembro de 1994, da Lei n. 9.034, dispondo sobre o Plano Estadual dos Recursos Hídricos (PERH), em consonância à Lei n. 7.663/91, que instituiu as normas de orientação à Política Estadual de Recursos Hídricos e o Sistema Integrado de Gerenciamento de Recursos Hídricos.

No estado de São Paulo, em atendimento ao disposto no Artigo 20 da lei supracitada, houve a divisão em 22 Unidades Hidrográficas de Gerenciamento de Recursos Hídricos (UGRHIs), permitindo o gerenciamento descentralizado dos recursos hídricos (PAGANINI, 2007).

Essa experiência brasileira em tal área, em um país de características singulares, por sua dimensão e contrastes, que se consolidou a partir dos anos de 1980, foi possível, além da pressão das entidades financiadoras internacionais, exigindo estudos de impacto ambiental quando da implantação de novos projetos, por uma série de fatores: a crescente formação de um passivo ambiental, que sempre foi objeto de preocupação pessoal de renomados professores, administradores, técnicos e experts que eventualmente levantavam suas vozes sobre o comprometimento dos recursos naturais; a elaboração e implantação de alguns planos, programas e projetos em níveis estadual e municipal; a instituição de entidades e órgãos estaduais e municipais que precederam as ações do governo federal, contribuindo pioneiramente na formação de pessoal capacitado, criação de laboratórios e formulação de políticas públicas destinadas à gestão dos recursos hídricos.

Um clássico exemplo na Região Metropolitana de São Paulo foi a CICPAA, atuante entre 1950 e 1970 nos municípios de São Caetano do Sul, São Bernardo do Campo, Santo André, Diadema e Mauá, abrangendo a região industrial circundante da capital paulista (ROCHA, 1997).

Essa breve visão da experiência no controle e na gestão dos recursos hídricos no Brasil permite hoje encarar com otimismo o futuro da qualidade das águas em território brasileiro. Para corroborar esta afirmação, servem os dados do controle de qualidade dos rios da bacia do rio Tietê, no estado de São Paulo, gerados pela CETESB/Sabesp, mostrando que, ao longo de mais de dez anos, há uma sensível melhora de vários parâmetros físico-químicos e biológicos indicadores de poluição e contaminação, os quais compõem o chamado Índice de Qualidade das Águas (IQA) (PAGANINI, 2007).

CAPÍTULO 12

Necessidade do reúso da água

Reutilizar ou reusar a água residuária tem sido uma prática realizada desde os tempos antigos, como na Grécia, recolhendo e dispondo os esgotos sanitários para utilização na agricultura. Tendo em vista as demandas atuais de água para abastecimento das populações, em todo o mundo, o planejamento e a gestão sustentável dos recursos naturais, incluindo os hídricos, pressupõem o reúso da água, como acontece em Israel, Estados Unidos e outros países. A propósito, mais recentemente no Brasil, essa prática vem sendo adotada em certos setores produtivos e de serviços, podendo ser citada a cidade de São Paulo, em que os vagões dos trens do metrô são lavados com águas recicladas.

Como estudado, a não equitativa distribuição dos recursos hídricos no Brasil, os diferentes tipos de uso e as diversas demandas nas várias regiões têm levado à prática do reúso da água. Este é um novo paradigma no enfrentamento da gestão dos recursos hídricos. A prática do reúso foi objeto de preocupação das autoridades internacionais, tendo sido expressamente recomendada na Conferência das Nações Unidas sobre Meio Ambiente e Desenvolvimento, realizada no Rio de Janeiro, em 1992 (UNCED, 1992).

A Agenda 21, documento básico daquele encontro, recomendou a implementação de políticas, programas e projetos voltados ao uso e à reciclagem de efluentes, preservando a saúde pública. Expressamente, o Capítulo 21 se refere à "Gestão ambientalmente adequada de resíduos líquidos e sólidos", e a Área Programática B explicita, de modo enfático, "Maximizando o reúso e a reciclagem ambientalmente adequadas" para vitalizar e ampliar os sistemas nacionais de reúso e reciclagem de resíduos.

Embora o Brasil fosse carente de legislação específica na promoção e prática do reúso de água, logo após a ECO-92, durante a Conferência Interparlamentar sobre Desenvolvimento e Meio Ambiente, em Brasília, houve, no Parágrafo 64/B, do item Conservação e Gestão de Recursos para o Desenvolvimento, a recomendação para institucionalizar no território nacional a reciclagem e o reúso sempre que possível e promover o tratamento e a disposição de esgotos, de maneira a não poluir o meio ambiente (HESPANHOL, 2008).

A legislação, segundo Fink et al. (2002, p. 6), "ao instituir os fundamentos da gestão de recursos hídricos, cria condições jurídicas e econômicas para hipótese do reúso de água como forma de utilização racional e preservação ambiental". As estruturas institucionais para a implementação do reúso recomendam esses juristas, devem ser estabelecidas em nível federal e em bacia hidrográfica, nas quais se integram um ou mais estados e os municípios correspondentes. A gestão cabe respectivamente ao SINGREH e aos comitês de bacia que o integram, sempre sob a égide dos Artigos 32, Inciso III, e Artigo 33, Inciso III.

A Resolução n. 54, de 28 de novembro de 2005, emanada pelo CNRH, estabeleceu as modalidades, as diretrizes e os critérios gerais para a prática do reúso direto não potável de água.

O CNRH trabalha na formulação de portarias específicas para o reúso na indústria, agricultura, aquicultura, águas residuárias urbanas não potáveis e reposição de aquíferos.

Como salientou Pedro Mancuso, em 12 de dezembro de 2011, o Ministério da Saúde publicou a Portaria MS 2.914, dispondo sobre os procedimentos de controle e vigilância da qualidade da água para consumo humano e seu padrão de qualidade. Esse dispositivo revogou a Portaria 518/GM/MS, de 25 de março de 2004, introduzindo alterações em parâmetros microbiológicos e químicos, como de alguns agrotóxicos e metais. Além disso, na Seção IV, Artigo 13, item "e", atribui ao responsável pelo Sistema, ou Solução Alternativa de Abastecimento de Água para Consumo Humano, a tarefa de manter a avaliação sistemática do sistema por meio de um Plano de Segurança da Água (PSA), nos moldes recomendados pela OMS. Assim, o PSA é o instrumento legal que norteia as ações que darão o necessário suporte técnico para que as regiões fortemente urbanizadas possam utilizar seus recursos hídricos com segurança.

O reúso de água em várias regiões do Brasil, desde a última década do século XX, é uma prática corrente e instituída, principalmente em regiões de grande adensamento populacional, como é o caso da Região Metropolitana de São Paulo (MANCUSO, 1992; MANCUSO et al., 2003).

A reutilização da água pode ser direta ou indireta, sendo as ações planejadas ou não. O "reúso indireto não planejado" da água ocorre quando aquela utilizada em alguma atividade pelo ser humano é simplesmente descarregada no meio ambiente e novamente utilizada a jusante, já mesclada e diluída no corpo d'água, de modo não intencional e não controlado. O novo usuário irá captá-la após o processo natural de diluição, autodepuração e das ações do ciclo hidrológico. Já no "reúso indireto planejado" da água, os efluentes são previamente tratados e lançados às coleções hídricas, superficiais ou subterrâneas, para serem utilizados de maneira controlada, atendendo a algum uso específico.

No "reúso direto planejado" das águas, o efluente, após tratamento, é enviado diretamente do ponto de descarga até o local de reúso, não sendo descarregado no corpo hídrico. Esse, em geral, com frequência é o caso do uso em indústrias e na irrigação.

Existem inúmeras aplicações para a água reciclada, destacando-se:

- irrigação paisagística (parques, cemitérios, campos de golfe, faixas de autodomínio de autoestradas, *campi* universitários, cinturões verdes, gramados residenciais e outros);
- usos industriais (refrigeração, alimentação de caldeiras, processamentos diversos);
- recarga de aquíferos (aquíferos de águas potáveis, controle de intrusão marinha da cunha salina e de recalques de subsolo);
- usos urbanos não potáveis (irrigação de jardins, combate a incêndios, descarga de vasos sanitários, sistema de ar condicionado e refrigeradores, lavagem de veículos, ruas, garagens e outros);
- finalidades ambientais (aumento de vazão em cursos d'água, aplicação em pântanos, terras alagadas, indústrias de pesca);
- usos diversos (aquicultura, construções, controle de poeira, dessedentação de animais).

Mas o reúso da água no Brasil, especificamente em São Paulo, mesmo antes da crise que se abateu na Região Metropolitana de São Paulo em 2014, já tem sido motivo de preocupação dos engenheiros sanitaristas. De fato, em 16 e 22 de dezembro de 1992, na Faculdade de Saúde Pública da USP, junto ao Departamento de Saúde Ambiental, duas teses foram apresentadas, respectivamente, *O reúso da água e a sua possibilidade na Região Metropolitana*, de Pedro Caetano Sanches Mancuso, e *Tecnologias de reúso aplicadas ao abastecimento de água potável e industrial na Baixada Santista*, de Carlos Lopes dos Santos; esta última por mim orientada.

Grande parte dos dados apresentados anteriormente foi retirada desses trabalhos. Em 2003, no mesmo local, a tese de doutoramento de Belinda Cássia Monforetini Sila abordou o caso do reúso de água em sistema de resfriamento de uma subestação conversora de energia das furnas centrais elétricas, em Ibiúna, São Paulo.

Por sinal, o Dr. Mancuso, tendo em vista a crise de 2014, em decorrência da maior estiagem da história sofrida no estado de São Paulo, apresentou em reunião do Centro de Apoio à Pesquisa (CEAP), da Faculdade de Saúde Pública da USP, o trabalho intitulado *Um plano B para o abastecimento de água da Região Metropolitana de São Paulo* (ainda não publicado), no qual enfaticamente propõe a prática do reúso indireto programado da água, utilizando aquelas da represa Billings, do rio Pinheiros, do efluente da ETE Barueri e do próprio rio Tietê, águas essas que sofreriam tratamento avançado.

No caso das águas de chuva, a legislação brasileira as enquadra como esgoto, pois em geral, ao atravessar a atmosfera, as gotículas se impregnam de impurezas diversas, incluindo as chamadas chuvas ácidas. Ao cair, essas águas escorrem pelos telhados ou diretamente no solo, lavando os pisos e as ruas pavimentadas ou não, chegando às "bocas de lobo" e, sendo um solvente universal, transportam toda sorte de impurezas até atingir os rios ou outros corpos de água, acabando eventualmente por serem captadas em uma ETA potável.

Uma pesquisa em uma universidade da Malásia mostrou que, após o início da chuva, somente as primeiras águas carregam partículas ácidas e microrganismos presentes na atmosfera, para pouco tempo depois adquirirem características de água destilada. Esta, sim, poderá ser armazenada em reservatórios fechados, e essa técnica já existe. Para uso humano, será sempre necessário um prévio tratamento envolvendo filtração e cloração. A Embrapa, para esse mister, desenvolveu um clorador tipo Venturi automático (Clorador Embrapa), bastante eficiente e muito barato, que já é utilizado em zonas rurais, como também em chácaras, em condomínios e mesmo em indústrias.

Nas regiões semiáridas do Nordeste, os projetos de maior eficiência são a construção de cisternas para que a população possa minimamente dispor de água de razoável qualidade.

CAPÍTULO 13

Produtos químicos e reagentes utilizados no tratamento da água ao longo dos tempos

O uso de reagentes e produtos químicos no tratamento de água para abastecimento também sofreu modificações ao longo de tempo.

Como visto, a preocupação com as qualidades sanitária e estética da água existe há milênios. O sulfato de alumínio, por exemplo, já era conhecido pelos egípcios das primeiras dinastias dos faraós 2 mil anos a.C.

No ano 50 d.C., Vitrúvio, em Roma, indicava o uso dos tubos de barro, pois havia verificado que os canos fabricados com chumbo originavam a formação do alvaiade pela desenvolvimento do carbonato de chumbo (cerussita). Vitrúvio relata que os primitivos romanos, quando iam erguer e fundar cidades, para verificar a qualidade da água, sacrificavam um animal e examinavam o seu fígado. Quando este apresentava reduzido tamanho e volume, com aspecto doentio, novos animais eram sacrificados, pois havia dúvidas quanto à qualidade da água disponível.

O uso do sulfato de alumínio como coagulante passou a ser feito em domicílios da Inglaterra a partir de 1767, e desde 1861 no tratamento de água das cidades, a começar por Bolton.

Mas 1774 é marcante para o saneamento, porque, na Suécia, G. W. Scheele descobriu o cloro, elemento químico que seria utilizado como oxidante de matéria orgânica, em 1830.

Em 1892, deu-se início à produção de cloro pela *Electrochemical Company*, e, finalmente, em 1894, Traube aplicou o cloro como bactericida e desinfetante em estações de tratamento de água.

Em 1785, M. Van Mauren descobriu a ozona, ou ozônio, que passou a ser produzido artificialmente pelo engenheiro W. von Siemens na Alemanha. A partir da década de 1970, o ozônio teve grande aplicação para a destruição de microrganismos, havendo, na França, estações de tratamento de alta sofisticação que utilizavam esse processo de desinfecção.

O uso da cal no tratamento de águas foi patenteado, em 1841, por Thomas Clarck, indicando-o para abrandar as chamadas "águas duras". Mas foi em 1896 que surgiu o processo de alcalinização e correção de pH com aplicação da cal.

Em 1880, Carl von Mageli apontou a ação oligodinâmica da prata na desinfecção da água. No começo do século XX, em 1904, Frank E. Hale, nos Estados Unidos, utilizou pela primeira vez o sulfato de cobre para eliminar e combater algas que proliferam nas águas de abastecimento.

Em 1912, ocorreram as primeiras experiências do processo químico cal – soda, destinado a reduzir a dureza da água, que dificulta, por exemplo, a formação das espumas de sabão.

No ano de 1920, passou-se a empregar o carvão ativado, um composto quimicamente tratado que tem a capacidade de reter e remover impurezas, partículas, entre outros, reduzindo ou evitando o odor e sabor nas águas.

A evolução dos processos de tratamento de água continuou e, em 1937, John R. Bayllis passou a usar a sílica ativada como auxiliar da coagulação.

Charles A. Cox iniciou campanha, em 1939, induzindo ao uso do flúor, alertando que a fluoretação (apesar das controvérsias que ainda persistem) é um seguro método de prevenção à cárie dentária.

Para facilitar a visão do leitor, insere-se a seguir uma relação cronológica dos reagentes e produtos químicos utilizados ao longo tempo no tratamento de água para abastecimento público:

- 1767 – Uso do sulfato de alumínio (alúmen) em domicílios da Inglaterra, o que N. J. Hyatt faria novamente em 1884. Essa prática já era utilizada em 2 mil a.C., no Egito.
- 1774 – G. W. Scheele, na Suécia, descobre o cloro, elemento químico, e em 1830 este é usado como oxidante. Em 1892, a *Electrochemical Company* passa a produzi-lo e Traube, em 1894, o utiliza como bactericida, aplicando-o no tratamento de água.
- 1785 – M. Van Mauren descobre o ozônio e W. von Siemens o produz artificialmente na Alemanha. Desde 1970, é usado em estações de tratamento de água da França, prática que se difundiu por outros países, inclusive o Brasil.

- 1841 – Patenteada por Thomas Clarck, cal foi utilizada para abrandar a acidez de águas duras.
- 1861 – Em Bolton, tem início o uso do sulfato de alumínio no tratamento público de água.
- 1880 – Carl von Mageli aponta a ação oligodinâmica da prata na desinfecção da água.
- 1891 – Surge o processo de alcalinização e correção de pH com aplicação da cal.
- 1897 – Woodheard emprega o hipoclorito de cálcio na desinfecção da água.
- 1904 – Frank E. Hale utiliza pela primeira vez, nos EUA, o sulfato de cobre para eliminar algas.
- 1906 – Houston aplica a cloração a gás.
- 1911 – Na Holanda, emprega-se no tratamento o carvão ativado.
- 1911 – Na Holanda, passa-se a usar carvão ativado para reter impurezas e partículas, reduzindo ou evitando o sabor e odor nas águas.
- 1912 – Primeiras experiências com processo químico cal/soda para diminuir a dureza e dificultar a formação de espumas do sabão.
- 1937 – John R. Bayllis usa sílica como auxiliar na coagulação.
- 1939 – Charles A. Cox inicia campanha para o uso do flúor para prevenção da cárie dentária.

Figura 13.1 – ETA do Guaraú, na região da Cantareira, na cidade de São Paulo, uma das três maiores do mundo, na qual são utilizados o tratamento e a metodologia mais avançados.

CAPÍTULO 14

Os banhos de piscinas e o termalismo

O termalismo e o uso terapêutico das águas teriam começado quando o ser humano, ainda na pré-história, percebeu que os ferimentos curavam-se mais rapidamente ao serem lavados.

Os registros mais antigos indicam que os banhos de imersão tiveram início por recomendação de líderes religiosos como Bhrama, Buda, Zoroastro, Manu, Moisés, Maomé e outros, que associaram o banho a atos de fé e purificação.

A própria Bíblia, em João, Capítulo V, faz referência a uma piscina, a "Piscina Probática", que servia não só como reservatório, mas também à recreação. Esta, como assinalei no livro *Modalidades esportivas no Brasil*, de 1996, foi construída na Terra Santa, na Via Dolorosa, junto à Porta de Santo Estevão, entre a Esplanada do Templo e o Bairro Bézetha, abrindo-se para o Vale do Cedron, muito próxima às fortificações da Torre Antônia, e serviu para Jesus, com suas águas, curar um paralítico de 38 anos.

A Dra. Cleide Machado Chaves, em sua tese de doutoramento *Condições sanitárias de águas de piscinas de Campo Grande, Mato Grosso do Sul*, de 1984, desenvolvida junto ao Departamento de Saúde Ambiental da Faculdade de Saúde Pública, sob nossa orientação, apresentou extensa informação sobre a origem das piscinas. Esclarece a professora que, desde tempos remotos, elas passaram a serem utilizadas pelo homem, sendo inúmeros os relatos nas civilizações oriental e ocidental greco-romana, em que já aparecem inseridas no contexto familiar ou associadas aos banhos públicos.

Homero falava nas banheiras de Míconos, ainda perfeitamente conservadas. Na cidade da Babilônia, foi encontrada outra piscina semelhante. Há ainda conservado um vaso com a gravura de uma para mulheres, situada às margens de um rio grego. No livro *Manifestações esportivas no Brasil*, ao se discorrer sobre a natação, enfatizo que essa prática era também incluída na formação militar dos legionários e guerreiros.

Os mais remotos registros de banhos públicos são os do Ginásio de Assos, na Ásia Menor, usados com finalidades desportivas, como assinalado em capítulos anteriores.

No século IV a.C., Roma possuía 856 banhos públicos e 14 termas, consumindo 750 milhões de litros d'água/dia. Como estudado no Capítulo 4, entre as mais famosas havia a de Trajano, a de Caracala, a de Diocleciano e as de Tito e Nero.

No século XIII, na Europa, havia banhos coletivos. É de 1682 uma gravura em cobre, de Jan Suyten, representando a piscina imperial de Aix-la-Chapelle. Nessa cidade, foi estabelecida a capital do império, pois Carlos Magno era um convicto adepto dos banhos. Mas, é preciso dizer, no Japão, as piscinas para banhos coletivos e sociais existem desde as primeiras dinastias.

Banhos públicos com aspectos parecidos aos atuais parecem, no entanto, ter sido iniciados na cidade de Liverpool, em 1842. A prática difundiu-se, oito anos mais tarde, passando à França e, em 1855, à Alemanha.

Para falar do Brasil e de São Paulo, além do registro das casas de banhos da pauliceia, da segunda metade do século XIX, destacando-se a famosa "Sereia Paulista", já aqui mencionada, servimo-nos uma vez mais de Affonso de Freitas (1929), ao contar que no Colégio Dona Anna Rosa, instalado na Rua Senador Queiroz, no centro da capital paulistana, no século XX, havia aulas de natação ministradas no rio Anhangabaú.

A primeira piscina brasileira só apareceu, porém, em 1917, no *Fluminense Football Club*, no Rio de Janeiro, e tinha 33 m. Em São Paulo, assinala o Prof. Henrique Nicolini, em "Tietê, o rio do esporte", de 2001, houve a inauguração da primeira piscina em 22 de dezembro de 1929, na Associação Atlética São Paulo.

Curiosamente, ainda que já recebendo certa carga de poluentes, o rio Tietê era ainda o mais procurado em seus cochos destinados à natação. Esse foi o período pré-piscina, como narra Henrique Nicolini. Na Cidade Maravilhosa, a piscina do Fluminense, permanecendo ligada ao mar, com frequência, recebia caranguejos, águas-vivas e peixes que, vez ou outra, assustavam ou feriam os banhistas.

O Prof. Freitas e Castro, citado por Cleide Machado Chaves (1984), assinala que o controle sanitário das piscinas somente teria começado a ser efetuado no início da segunda metade da primeira década do século XX. Tudo teve origem no *State Board of Health* (Conselho Estadual de Saúde), na Califórnia, em 1917, que, dotado de poderes, passou a fazer cumprir o chamado *California Swimming Pool Act*, o qual estabelecia normas e exigências direcionadas à salvaguarda da saúde pública. Em 1920, a fiscalização estendeu-se a todo o território norte-americano.

No Império Romano, existiam termas que eram usadas para amenizar as fadigas, revigorar as energias, curar feridas e tratar males crônicos. No tempo do imperador Constantino (264-337 d.C.), contabilizava-se, em Roma, onze termas para a população em geral e escravos e cerca de mil em propriedades particulares. Haviam ainda disponíveis duas mil fontes e quatorze aquedutos para atendimento ao consumo, mas sem qualquer controle.

Como narra o Dr. Mário Benedictus Mourão (ROCHA, 1997, p. 100), clínico em Poços de Caldas, Minas Gerais, especialista em termalismo, as termas de Diocleciano tinham 112.500 m², atendendo dois mil banhistas. Uma de suas amplas salas transformou-se na atual Igreja de Santa Maria dos Anjos, segundo Mourão, o maior templo de Roma depois da Basílica de São Pedro. Nas Termas de Caracala, verdadeiro centro cultural, entre massagens e vapores, reunia-se a intelectualidade romana.

Aos povos conquistados pelos romanos, impunha-se a *Pax Romana*, isto é, não só novas leis, mas, sobretudo, a assimilação dos costumes, e as termas então foram difundindo-se pela Europa, Asia e África. Apareceram cidades que receberam prenomes ligados à presença da água: Aix, Aygues, Baden, Bains, Caldas e outras que, constantemente, recebiam grande afluxo de famílias, nobres, comerciantes, militares, dando assim origem ao turismo.

Acontece, todavia, que, com falta de higiene, uma prática nem sempre adotada nesses balneários, houve o descrédito quanto às propriedades e aos benefícios à saúde proporcionados por essas coleções hídricas. Médicos romanos começaram a desconfiar das águas, se bem que Plutarco entendia tal atitude como proveniente do que chamava um ciúme profissional.

De qualquer maneira, o "modismo" arrefeceu, pois, na Idade Média, acompanhando o moralismo religioso, que movia forte combate aos banhos, o termalismo praticamente caiu em desuso. Essa situação continuou mesmo na Renascença, pelo próprio movimento dos médicos, os quais acusavam os banhos de responsáveis pela transmissão das pestes. Na Itália, a moda passou a ser o uso cotidiano de pomadas, perfumes e pós-de-cheiro, ao invés de banhos. Como dizia o médico e higienista francês, Cabanés, no início do século XX, "não se lavava mais; escondia-se a sujeira". Tudo isso, apesar do que apregoava o filósofo renascentista Montaigne: "se a terapêutica pelas águas não pode normalizar uma ruína orgânica, pode evitar certo declínio e o aparecimento de males irreversíveis"; ou das informações científicas contidas no *De Thermis*, do italiano Andrea Baca (1524-1600).

O termalismo só viria a ressurgir na França, durante os reinados de Luís XII e Luís XIV, séculos XVII e XVIII, quando os reis e suas comitivas iam "às águas", assim redescobrindo o valor das fontes e dos banhos.

Carlos Magno adorava os banhos a ponto de estabelecer a capital do seu império junto às termas de Sachen (em francês, Aix-la-Chapelle), como assinalado.

O Dr. Mário B. Mourão, consultor para o artigo "Uma história das fontes", publicado na Revista Ícaro (ROCHA, 1997, p. 101), assinala que Luís XIV até instituiu a cerimônia *La Laveé*: "uma lavagem e raro banho geral, tomado à vista da corte, em cuba ornamentada, sendo a água distribuída depois aos cortesãos, como dádiva".

Outro registro interessante refere-se à tese publicada, em 1750, pelo cientista inglês Russel, em favor das curas marinhas, dando início à talassoterapia (do grego *thalassa*).

Mas também no tempo de Napoleão, a imperatriz Josefina praticava o banho diário, hábito que adquiriu na Martinica, incomum entre os franceses. O seu *Château Malmaison* possuía banheira, uma raridade nos palácios parisienses, como Versailles e outros, em que salas para banhos não existiam. Estas estavam também ausentes no palácio de Queluz, em Portugal, e na própria Inglaterra, em 1870.

Anteriormente, o povo inglês até admirava a "coragem" da rainha Elizabeth I (1558-1603), que diariamente tomava seu banho, embora água quente só houvesse em bacias na cozinha.

O termalismo passaria da era empírica para a clínica, com o controle científico das águas por meio de análises químicas, fiscalização das estâncias, organização de sociedades profissionais etc., a partir do século XIX e início do século XX.

O Dr. Azaury Aristoteles Mattei, especialista em águas minerais, falecido em 2014, apresentou e defendeu, em 1995, junto ao Departamento de Saúde Ambiental, da Faculdade de Saúde Pública da USP, sob a orientação de Aristides Almeida Rocha, a tese intitulada *Águas minerais, necessidades ou crenças*. Nessa pesquisa, que compreendeu, além de análises físicas e químicas, entrevistas, estágios em balneários franceses, exame acurado da bibliografia especializada e levantamento de dados históricos, o assunto foi discutido e exaustivamente analisado, dando ênfase o autor ao fato de que, apesar de todos os óbices ocorridos no transcorrer da história da humanidade, a utilização das águas minero-medicinais atravessou pelo menos 25 séculos.

Inicialmente, ressalta Mattei (1995), nos templos da Grécia Antiga, falava-se em curas milagrosas. Distantes da concentração urbana, em regiões de bucólicas paisagens, estavam localizadas as *asclepions*, praticando-se diversos tratamentos, banhos e hidroterapias, seguidas de massagens e dietas.

Hipócrates teorizava sobre "águas, ares e lugares", discutindo a interação entre o ser humano e a natureza como imperativa para uma existência sadia. Mas coube a Herodoto, o pai da História, cerca de 450 a.C., portanto, há cerca de 2.500 anos, estabelecer os princípios fundamentais da Crenologia. De acordo com a exposição de A. Mattei (1995, p. 45), "a ele se deve o estabelecimento da cura termal em

21 dias; até hoje seguindo as leis que presidem a escolha das estações (primavera para as águas quentes, o verão para as águas frias) e muitas outras judiciosas normas".

Todavia, como visto, foram os romanos que maior veneração tiveram pelas fontes e banhos, isto é, hidroterapia e crenologia. Plínio afirmava que, durante 600 anos, os romanos não conheceram outros métodos terapêuticos que não os banhos. Ao escrever sua *História natural*, visitou 80 *aquae*, ou seja, as fontes espalhadas pela Europa: na França e Itália, *Aquae Calida*, a atual estação termal de Vichy, e *Aquae Convenarum*, de Bagnères; na Alemanha, *Aquae Maltiacae*, atual *Wiesbaden*, e *Aquae Aureliae*, em Baden-Baden; na Inglaterra, *Aquae Solis*, atual *Bath*.

Para um melhor entendimento, servimo-nos do trabalho de Mattei (1995, p. 32), em que assinala que a

> Hidroterapia é o emprego externo de qualquer tipo de água, levando em conta somente sua temperatura, massa ou força balística. O emprego interno ou externo de uma água mineral, com vistas a um tratamento fundado sobre suas propriedades físico-químico-fisiológicas específicas é a Hidroterapia Terapêutica, ou melhor, a Crenoterapia (do grego *krenen*, crenos = fonte + terapia = tratamento).

O termalismo origina-se de *thermós* = quente.

Em terras brasileiras, desde 1545, comentava-se a existência de água mineral em Goiás. Contudo, a Crenoterapia Moderna chega ao país no século XIX, durante o Império, com a família imperial portuguesa. Em 1808, quando as práticas termais já constituíam um hábito generalizado, teve início a avaliação médico-científica das estâncias termais do Brasil.

Aos poucos, vão sendo descobertas e analisadas fontes hidrominerais, principalmente na Região Sudeste, situada mais próxima à Corte. Em 1860, o termalismo teria grande impulso, pois a Princesa Isabel, que se julgava estéril, engravidou após ir a uma estação de águas em Caxambu, Minas Gerais. Em agradecimento, a princesa mandou construir uma igreja que até hoje existe na cidade.

O famoso *Formulário e guia médico* (Dicionário), de Chermovitz, um polonês naturalizado, muito utilizado por médicos e práticos, apresentava, na edição de 1908, um extenso "Compêndio Alphabético das Águas Minerais", do qual constam, entre outras: Lambari, Caxambu, Contendas, Cambuquira, Itapicuru (Caldas do Cipó), Araxá, Poços de Caldas e Caldas da Imperatriz. Esta última, em Santa Catarina, foi indicada como a primeira estância hidromineral termal brasileira, que teria sido descoberta em 1813 e disputada por índios nativos e o governo imperial. Em 1845, o imperador Pedro II e a imperatriz Thereza Christina ali se hospedaram, conferindo a fama que persiste até hoje.

Em 1818, o então governador de Goiás, Fernando Delgado, testemunhava que um tratamento feito em Caldas Novas, naquele estado, o havia curado, tornando o local motivo de atração. Em 1826, seria o governador mineiro, Antonio Carlos

Ribeiro de Andrada, quem procuraria investir na infraestrutura e no desenvolvimento turístico de Poços de Caldas, em Minas Gerais.

Até aproximadamente 1945, houve grande incremento das estâncias, o próprio presidente Getúlio Vargas, anualmente, realizava temporada na estação de águas de São Lourenço, também em Minas.

No estado de São Paulo, surgiram Águas de São Pedro, Lindoia, Águas da Prata, Serra Negra, e outras; no estado do Rio de Janeiro, Raposo, Petrópolis etc.

As estâncias frequentadas pela alta sociedade (que afluía, em geral, por trens de primeira classe ou ônibus de linhas especiais) eram dotadas de luxuosos hotéis, amplos jardins e parques, magníficas termas e suntuosos cassinos. Ao mesmo tempo, difundiam-se o uso e o consumo de águas minerais engarrafadas.

Paralelamente, desenvolveu-se a conceituação e aprofundaram-se os conhecimentos científicos por meio de pesquisas e cursos. A Faculdade de Medicina de Belo Horizonte criou a cátedra de Crenologia. No Rio de Janeiro, o Prof. Renato de Souza Lopes, autor da obra *Águas minerais no Brasil*, passou a ministrar curso de especialização em Crenoterapia, junto à cadeira de Terapêutica.

A edição de 1951 do livro *Terapêutica clínica*, de Vieira Romero, indicava a crenoterapia e a climaterapia para minimizar os efeitos, ou como procedimento de cura, de 33 afecções diferentes.

Lamentavelmente, com o término da Segunda Guerra Mundial, a mudança dos costumes da sociedade, o fechamento dos cassinos, além do avanço da indústria farmacêutica, induzindo à procura de soluções mais imediatistas como uma panaceia para todos os males, levaram à decadência das estâncias, cujas instalações, em muitas cidades, com o abandono, passaram a se deteriorar.

Nas últimas décadas, contudo, um retorno a princípio incipiente e depois de caráter mais profundo, levando a um reposicionamento do ser humano, na valorização da procura da natureza e do lazer, está concorrendo para uma mais intensa procura de meios curativos naturais, estimulando as propriedades autocurativas e os processos fisiológicos normais do próprio corpo. Nesse caso, indubitavelmente, o termalismo é uma das opções profiláticas de salvaguarda da saúde e combate às tensões do homem moderno.

Domingos Pellegrini, jornalista e escritor, autor de *Os meninos crescem* (1986), em artigo para a Revista Ícaro, assinala que as águas minerais são várias, servindo a tratamentos específicos conforme os elementos dominantes que nelas se encontram. Podem ser oligominerais, radíferas, alcalino-bicarbonatadas, alcalino-terrosas, cálcicas ou magnesianas, sulfatadas, sulfurosas, nitratadas, cloretadas, ferruginosas, radioativas, toriativas ou carbogasosas (PELLEGRINI, 1988).

Do ponto de vista da temperatura, podem apresentarem-se frias, hipotermais, mesotermais, isotermais ou hipertermais, como a da Pousada do Rio Quente, em Goiás, a mais quente da América do Sul.

Em São Paulo, para o controle das estâncias e águas minerais, há o Fomento de Urbanização e Melhoria das Estâncias Hidrominerais de São Paulo (FUMEST); em Minas Gerais, a Hidrominas; em Santa Catarina, a Citur; na Bahia, a Bahia Tur; no Paraná, a Paranatur, ou outros órgãos de turismo nos vários estados do Brasil. Mesmo assim, é preciso citar que poucos deles têm estâncias hidrominerais tecnicamente classificadas, ainda que possam ser bastante frequentadas. Numa sucinta relação, é possível destacar: no Pará – Monte Alegre, Salinópolis; na Bahia – Águas do Cipó, Águas do Jorro, Dias D'Ávila, Itaparica, Olivença; em Goiás – Caldas Novas (Pousada do Rio Quente), Itajá, Goiás Velho; no Mato Grosso – Águas Quentes; no Rio de Janeiro – Santo Antonio de Paduá, Petrópolis, Raposo; em Minas Gerais – Araxá, Caldas (Pocinhos do Rio Verde), Cambuquira, Carangola, Caxambu, Jacutinga, Lambari, Monte Sião, Passa Quatro, Patrocínio, Poços de Caldas, São Lourenço, Tiradentes; em São Paulo – Serra Negra, Lindoia, Campos do Jordão, Ibirá, Águas de Santa Bárbara, Águas da Prata, Poá, Águas de São Pedro; no Paraná – Termas Aguativa (Bandeirantes), Santa Clara, Guarapuava; em Santa Catarina – Caldas da Imperatriz (Santo Amaro da Imperatriz), Águas de Chapecó, Gravatal, Pedras Grandes, Piratuba; e no Rio Grande do Sul – Catuípe, Iraí, Vicente Dutra.

CAPÍTULO 15

Disposição e tratamento de lixo desde a Antiguidade

Outro aspecto fundamental do saneamento diz respeito ao lixo, ou resíduos sólidos, que acompanha o ser humano desde o seu aparecimento na época do Pleistoceno.

Em 1993, por especial deferência dos Drs. Edis Milaré, secretário do Meio Ambiente do Estado de São Paulo, e Reginaldo Forti, secretário adjunto do Conselho Estadual do Meio Ambiente, quando eu ali estava como membro representante da USP, tive oportunidade de apresentar, na série *Seminários e debates – Resíduos sólidos e meio ambiente*, publicação da Secretaria do Meio Ambiente do Estado de São Paulo, um artigo introdutório, intitulado *História do lixo*, produto de pesquisa que havia efetuado sobre o assunto. É este, portanto, o trabalho que praticamente transcrevo na íntegra aqui.

O nome próprio "Lixo", na mitologia greco-romana, não tem qualquer relação com dejetos ou resíduos originados das atividades humanas; refere-se a um dos filhos de Egito, casado com Cleodora, filha de Danao, e por ela assassinado na noite de núpcias.

Bem, mas a etimologia da palavra lixo, embora controversa, remete sempre à língua latina. Para alguns filólogos, deriva de *lix*, que em latim tem o significado de cinza ou lixívia. Contudo, outros estudiosos entendem que a palavra provém do latim medieval, já decadente, em que o verbo *lixare* indica o ato de polir, desbastar, tomando em português a conotação de sujeira, restos ou o supérfluo que é removido ou arrancado na tarefa de lixar materiais diversos, tais como o metal, a madeira etc.

O dicionário Aurélio explicita que o substantivo masculino lixo significa "aquilo que se varre da casa, do jardim, da rua, e se joga fora; entulho. Por extensão tudo o que não presta e se joga fora". Ainda de acordo com o notável dicionarista e escritor, é sinônimo de sujidade, sujeira, imundície, referindo-se também à coisa ou às coisas inúteis, velhas, sem valor.

Modernamente, talvez desde meados da década de 1960, um novo jargão técnico foi adotado pelos sanitaristas, que passaram a utilizar a designação resíduos sólidos.

A palavra resíduo também deriva do latim *residuu*, significando aquilo que resta de qualquer substância. Logo, porém, foi adjetivada de "sólido" para se diferenciar dos restos líquidos lançados com os esgotos domésticos e das emissões gasosas das chaminés à atmosfera.

O glossário de engenharia ambiental (BATALHA, 1986, p. 90) insere a seguinte definição para resíduo sólido:

> material inútil, indesejável ou descartado, com conteúdo líquido insuficiente para que possa influir livremente nos estados sólido e semi-sólido, resultantes de atividades da comunidade; sejam eles de origem doméstica, hospitalar, comercial, de serviços, de varrição e industrial.

As inúmeras atividades produtivas, em níveis primário e secundário, permitem atualmente caracterizar vários tipos de lixo: comercial, doméstico, industrial, hospitalar, de varredura, agrícola, mineração etc.

O avanço tecnológico e a diversidade de matérias-primas e de variadas formas de energia induziram ao uso de adjetivações e especificações como resíduos sólidos radioativos ou lixo atômico, lixo espacial e outros.

Forattini (1969, apud Rocha, 1993, p. 15), entende que o

> conjunto de resíduos sólidos, resultantes das atividades do homem e dos animais domésticos, pode ser rotulado, de maneira geral, com o nome de lixo. Uma vez preenchida a sua função, ele é destinado a ser desprezado, surgindo então o problema de seu destino adequado.

Como afirmava o Prof. Walter Engrácia de Oliveira (1971, p. 11-12), catedrático da USP, "o problema do lixo surgiu desde quando os homens começaram a abandonar a vida nômade para se tornarem sedentários".

Nas antigas civilizações, os primeiros processos de eliminação do lixo visavam apenas afastar os resíduos e proceder a disposição ao ar livre; quase um simples abandono.

Talvez alguns restos inaproveitáveis fossem queimados, seguindo a prática aprendida da observação dos próprios fenômenos naturais da combustão.

Com o tempo, a partir desses costumes, a evolução levou ao enterramento simples dos dejetos.

Repassando os textos das escrituras sagradas da religião judaico-cristã, retirando informações na história das civilizações orientais ou observando narrativas da mitologia greco-romana, constantes fontes de inesgotável conhecimento, é possível se ter uma ideia do comportamento dos povos primitivos em relação aos resíduos sólidos ou ao lixo propriamente dito.

O ser humano durante milênios viveu quase que exclusivamente da colheita de frutos, da eventual captura de pequenos animais silvestres e mais adiante da caça de grandes animais (conforme testemunhos deixados nas pinturas e gravuras rupestres), praticando apenas a cultura de subsistência. Durante esse longo período de evolução da humanidade, as quantidades de lixo produzidas deveriam ser incipientes e a constituição química predominantemente orgânica e biodegradável.

Não havia então agravos ao meio ambiente pois, como nas culturas nativas ainda existentes, acontecia uma relação harmônica, que propiciava o intercâmbio de matéria e energia por meio de um natural processo de reciclagem.

Mesmo quando o ser humano se tornou gregário e sedentário, advindo daí os aglomerados, as vilas e cidades, que em geral se estabeleceram às margens dos cursos d'água, o lixo produzido era absorvido e facilmente decomposto, não só pela sua própria natureza, como também pela enorme disponibilidade de terras para ser disperso.

A dieta alimentar, é o que se depreende da leitura da Bíblia, era fundamentalmente baseada na farinha de cevada, pão, bolo de figo, uva, tâmara, queijo, leite, peixe (e apenas outros animais aquáticos que tivessem escama e "barbatanas"), carnes de carneiro, bezerro e boi (e somente algumas caças), mas sempre sem o sangue; este era considerado a fonte da vida e, como tal, era por norma aspergido nos altares de sacrifício ou disperso no solo.

Como se verifica das narrativas de Gênesis, Êxodo, Levítico, Deuteronômio e profetas no Novo Testamento, existia a preocupação com o destino do lixo e possíveis problemas à saúde; por isso, constantemente eram feitas referências aos materiais impuros. O homem ou animal que tocasse qualquer imundície abominável, ou um cadáver, se tornava impuro, sendo excluído da comunidade para sempre ou por determinados períodos.

Entretanto, as normas da época não se referiam propriamente à higiene, pois a "purificação" nas antigas religiões visava, apenas por meio de rituais, afastar as ameaças que um determinado estado de impureza representava.

Alguns episódios podem ser correlacionados ao lixo. Assim, da poeira do chão surgiram mosquitos; partículas do solo que Aarão transformou em poeira caíram sobre o Egito; na praga dos humores, Moisés serviu-se da fuligem dos fornos que lançada aos céus poluiu depois o solo; o maná, quando à revelia de Moisés era colhido em demasia, apodrecia de um dia para o outro, propiciando a criação de "bichos", poluindo o ar e o solo (Êxodo 8, 9, 16). Em Sodoma e Gomorra, também ocorriam problemas de poluição por resíduos líquidos e sólidos no Vale do Sidim, em função dos inúmeros poços de betume (Gênesis, 14).

A sujeira aparecia relacionada a inúmeras doenças. Acreditava-se, por exemplo, que casas sujas, com paredes manchadas, apresentando cavidades esverdeadas ou avermelhadas, estavam com lepra e deveriam ser isoladas durante sete dias. Persistindo as manchas procedia-se a uma raspagem e o pó e resíduos eram lançados em lugar distante (Levítico 11, 14).

Na cidade de Jerusalém, bezerros e bodes eram imolados e as peles, carnes e excrementos incinerados, sendo aspergidos no chão (Expiação 16).

Para a limpeza dos acampamentos, as regras estabeleciam:

> Fora do acampamento, terás lugar onde te possas retirar para as necessidades. Levarás no equipamento uma pá para fazeres uma fossa, quando saíres para fazer necessidades. Antes de voltar, cobrirás os excrementos (Deuteronômio 23, 13, 14).

Contudo, quanto aos restos de animais abatidos, nem essa prática devia prevalecer. Sansão, em certa ocasião, após matar um pequeno leão, deixou a carcaça e, mais tarde, ao passar no mesmo local, a encontrou com um enxame de abelhas. (Juízes 14). Talvez fossem moscas e não abelhas.

Na mitologia greco-romana, um fato semelhante ocorreu quando Melissa, filha do rei de Creta, morta por não querer revelar os mistérios divinos, teve seu corpo esquartejado e os restos lançados ao solo, de onde depois começaram a surgir inúmeras abelhas.

No entanto, a má disposição do lixo fica também evidente quando se procurava restituir a arca contendo as tábuas da lei; Samuel, ao historiar os percalços e vicissitudes, menciona que "os ratinhos devastam o país" (Samuel 6, 4, 5). A referência diz respeito à praga de roedores cuja pulga transmitia a peste bubônica e o fato, sem dúvida, é associado à má disposição do lixo.

O lixo e a presença de ratos iriam ainda importunar o rei assírio Senaqueribe, quando este adentrou as cidades fortificadas. A peste infringiu pesadas perdas entre a soldadesca nos acampamentos (Anjo 21, 21).

Quando o reino de Judá estava decadente, por volta de 698 a.C., o sumo sacerdote Helias ordenou que fossem retirados do Santuário do Senhor todos os objetos fabricados em honra do deus semita Baal e à Asera para serem queimados fora de Jerusalém, nos terrenos baldios do Cedron; as cinzas foram depois recolhidas e levadas a Betel (Reis 4). Tratava-se, na realidade, de um grande lixão.

Restos de corpos humanos às vezes são transformados em lixo e entulho. Na renovação da Aliança de Judá, o rei Josias profanou os santuários da Samaria que haviam sido construídos pelos reis de Israel, enchendo-os com restos de ossos humanos (Reis 23, 14).

Mas nem só os hebreus têm registrado fatos, comportamentos e atitudes relacionados ao lixo. Na China, em 105 d.C., restos de lixo eram utilizados na fabricação de papel.

O processo idealizado por Ts'ai Lun aproveitava trapos e restos de rede de pescar, fazendo uma mistura com fibras vegetais prensada com jatos d'água. Em escavações junto à grande muralha da China, no Turquestão, foram encontrados papéis desse tipo, datando de 150 d.C.

Nos anos 700 d.C., os chineses chegaram a Bagdá quando essa técnica (ainda utilizada na fabricação artesanal do papel) foi aperfeiçoada. Aproveitando as quedas d'água, surgiram os primeiros moinhos papeleiros que picavam os trapos e resíduos da indústria têxtil, então já florescente. Este talvez constitua um dos mais antigos registros do processo de reciclagem do lixo.

Passando à Idade Média, é possível lembrar os anos em que milhões de europeus morreram em epidemias de peste bubônica. As fezes, urina e lixo lançados nos fossos dos castelos, nos becos e nas ruelas das cidades facilitavam a proliferação de vetores, inclusive ratos que infestavam as cidades.

Para falar do Brasil, deve-se dizer que, até o presente, o lixo ainda constitui um sério problema de saneamento básico. Apenas cerca de 37% do doméstico produzido em todo o território brasileiro é coletado e pequena parcela deste recebe algum tipo de tratamento. O restante é disposto a céu aberto, no solo, nas barrancas de rios etc.

Qualquer consideração sobre os aspectos de saúde pública e saneamento do lixo, na história do Brasil, necessariamente deve ter começado pelos fatos ocorridos durante a colonização iniciada na Região Sul e Sudeste, na capitania de São Vicente, província de São Paulo, cidade do Rio de Janeiro e outros sítios históricos.

Ao que parece, o mais antigo documento brasileiro sobre o saneamento é referente à poluição do solo. Datado de 12 de setembro de 1556, a Ata da Câmara de Santo André da Borda do Campo, assinada pelo Alcaide Mor João Ramalho, assim está redigida:

> E logo na dita Câmara acordaram o requerimento do procurador do Conselho de Oficiais em como havia roças ao longo do caminho desta dita vila e serventias e o tapavam e mandaram que com pena de dois tostões a metade para o Conselho e a metade para quem o demandar que dentro em quinze dias os mande limpar as suas testadas das suas roças. (BRANCO et al., 1986, p. 347).

Contudo, a primeira pendenga envolvendo uma autoridade aconteceria em 1580. O episódio ocorreria exatamente com o filho de João Ramalho, o truculento João Fernandes, e a Ata da Câmara de julho oficiava que, se dentro de quinze dias, o referido cidadão "não alimpasse os seus *chãos*" seria preso com pagamento de multa de 200 réis.

No século XVII, a Vila de Piratininga continuava apresentando problemas com a limpeza das ruas, e os editais da Câmara sucessivamente "assentavam proclamas" para que "todos os que tivessem chãos ao longo desta vila, os mandem carpir e alimpar, dentro de oito dias com penas de mil réis para os transgressores" (BRANCO et al., 1986, p. 347).

As autoridades enfatizavam que "os estercos se amontoavam nos adros das igrejas e nas praças" e exigiam a limpeza. Ao dissertar sobre a prática da medicina em São Paulo, Duílio Crispim Farina (apud ROCHA, 1997, p. 54) registra: "os oficiais da edilidade exigem [...] [que, dentre outros] o Sr. Aleixo Jorge, tenha o cuidado de alimpar o adro da matriz e o adro de Nossa Senhora do Carmo, isto com pena de quinhentos réis".

No transcurso da história de São Paulo e com muita frequência entre os anos de 1721 e 1737, os editais desse tipo se repetiram. Particularmente interessante, por se tratar do lixo, é o texto do edital de 15 de outubro de 1722:

> Os oficiais do Senado da Câmara desta cidade de São Paulo que presente ao servimos pela ordenação de sua Magestade que Deus todos os que tivessem chãos ao longo desta vila, os mandem carpir e alimpar, dentro de oito dias com penas guarde, fazemos saber a todos os moradores desta cidade, de qualquer qualidade e condição que sejam, que daqui em diante façam botar os ciscos e os lixos de suas casas nas paragens declaradas, a saber, nas covas que ficam abaixo das casas de Garcia Roiz Velho e nas covas que estão atrás da Misericórdia Nova e nas covas que estão defronte de Santa Tereza e somente o façam nestas paragens e as pessoas que fora destes lugares botarem os tais lixos serão condenadas por cada vez em seis mil réis sem que lhes sirva de desculpa o ignorarem onde seus servos botam os tais lixos, pois o deverão examinar e fazer executar como pelo que o presente quartel ordenamos [...]. (BRANCO et al., 1986, p. 347-348).

No Maranhão, a Rua 28 de Setembro, um beco estreito, tinha no passado o nome de "Beco da Bosta", em cuja esquina residia a Baronesa de São Bento, em imponente sobrado. Conhecido também por "Beco do Zé Coxo", em alusão a um alfaiate remendão que ali morava, por lá obrigatoriamente circulavam os escravos, carregando tinas com lixo e excrementos – os famosos tigres – para lançar ao mar, aproveitando o fluxo e o refluxo das marés. Mesmo pavimentado em 1922 e com o advento das fossas e construção da rede de esgotos, continuou sendo o local da disposição de lixo e dejetos das casas da redondeza. A situação era tão grave, que o jornal *O Garoto*, interpretando o clamor popular, instava à Câmara Municipal, em 28 de setembro daquele ano, para que se nenhuma providência fosse tomada, fosse o nome oficializado como "Beco dos Excrementos". Parece que o apelo surtiu efeito, pois até o nome da rua mudou.

Voltando a São Paulo, apesar da preocupação e imposição das autoridades, ao se atingir os anos de 1800 e por todo o século XIX, a má limpeza das ruas persistia.

Em 1867, os jornais denunciavam que o despejo do quartel, das 7 às 11 horas e das 15 às 18 horas, era carregado por quatro e às vezes seis pessoas que "a conduzirem mais de 40 barrís em contínuo balancear pois vem pendurados em um pau, muitas vezes derramando materiais fecais pelas ruas" (ROCHA, 1997, p. 55).

Na cidade do Rio de Janeiro, na mesma época, os escravos carregavam tonéis, conhecidos naqueles tempos como "tigres", deixando atrás insetos que esvoaçavam também sobre "o madeirame podre dos receptáculos". Nos becos onde o lixo era depositado, os monturos recebiam uma bandeirola, indicando ser aquele espaço pertencente e destinado ao lançamento e à deposição de uma determinada casa.

Outro relato é o do governador da "Praça de Santos", na Província de São Paulo, que, em 30 de março de 1826, efetuava as seguintes considerações a respeito do sepultamento dos corpos:

> O terreno de arenito é *mui* pouco sólido para abrir as sepulturas e os porcos e cães com facilidade cavam o pouco compacto terreno, desenterrando corpos sepultados; o *mao* cheiro que exala das sepulturas obriga os moradores a cerrar por longo tempo as suas portas e janelas; terras mal socadas, com frestas e fendas; os ossos humanos amontoados na superfície da terra, tão frescos que a eles estavão pedaços de *tendoens* e ligamentos. (ROCHA, 1997, p. 56).

A mesma situação imperava em São Paulo e o então governador Visconde de Congonhas do Campo solicitava estudos para a mudança dos cemitérios para lugares afastados e a proibição do sepultamento junto das igrejas.

Em 1900, Luis Edmundo, cronista da época, vociferava sobre a então capital da República, a cidade do Rio de janeiro:

> A cidade ainda guarda o cunho desolador dos velhos tempos do rei, dos vice-reis e dos Governadores com ruas estreitas, vielas sujíssimas, becos onde se avoluma o lixo [...] cascas de abacaxi, de laranja, papéis velhos, molambos". (ROCHA, 1997, p. 56-57).

A esse tempo, grassavam a febre amarela, varíola, peste bubônica e tuberculose. As companhias de navegação da Europa anunciavam viagens diretas para Buenos Aires sem parar no Rio de Janeiro. Ali, trupes inteiras de teatro estrangeiras foram dizimadas.

Coube ao sanitarista Oswaldo Cruz e ao urbanista Pereira Passos, no pouco espaço de cinco anos, reverterem o hediondo cenário. Abrindo avenidas, demolindo casebres, drenando alagados e córregos, recolhendo e afastando o lixo, organizando campanhas de vacinação e desratização, conseguiram em prazo recorde deixar a cidade saneada e livre dos agravos à saúde.

Apesar das críticas e perseguições sofridas e revoltas que tiveram de sufocar, insufladas por Lauro Sodré e pelo tenente-coronel Alfredo Varella, que liderou um levante na Praia Vermelha, o Rio de Janeiro passou a ser realmente a cidade maravilhosa. O próprio Rui Barbosa, de tantos e excelentes serviços prestados à pátria, protestava ao escrever contra a vacinação ao combate da febre amarela: "Assim como o direito veda ao poder humano invadirmos a consciência, assim lhe veda transpormos a epiderme".

Em São Paulo, o drama era semelhante e campanhas e programas eram encetados para o saneamento da cidade. Foi até construído um incinerador específico para ratos. Um artigo de 31 de dezembro de 1900, publicado em 2 de janeiro de 1901, no jornal O *Correio Paulistano*, mostrava em Pinheiros a "casa onde são incinerados os ratos", esclarecendo que havia a compra de roedores pelos sanitaristas, o que era feito por 100 réis o espécime.

Na cidade do Rio de Janeiro, que, desde 1850, era assolada pela peste, Oswaldo Cruz, chefe da higiene, pagava 300 réis a cada cidadão que levasse um rato. Alguns meses após o início da campanha, descobriu-se que algumas famílias criavam tais para vendê-los posteriormente.

Esses episódios e fatos, trágicos uns, pitorescos outros, estão, como se vê, intimamente associados ao desenvolvimento das cidades e compõem a história do lixo.

O equacionamento dos problemas relacionados a esse campo do saneamento começou efetivamente a ser objeto de preocupação na maioria dos continentes há aproximadamente um século. As tentativas de solução passaram a objetivar o atendimento de questões de higiene e saúde pública, conforto e estética, otimização de áreas para disposição e tratamento visando a redução de custos, obviamente tornando economicamente factíveis os projetos a serem implantados. Neste caso, indubitavelmente, a reciclagem em particular assumiu papel preponderante.

A situação no Brasil agravou-se nas últimas décadas em função do adensamento populacional nas cidades como produto de migrações externas e internas, tornando saturadas as zonas urbanas, propiciando o surgimento aleatório de periferias onde a população é cada vez mais pobre econômica, financeira, social e culturalmente.

Esses assentamentos humanos, desprovidos das mínimas condições de saneamento e carentes dos serviços de saúde, não usufruindo dos equipamentos urbanos e não contribuindo para o erário público, acabaram sendo em locais muitas vezes destinados à disposição clandestina, ou mesmo instituída, do lixo das cidades que é lançado junto a vales, grotas e depressões naturais de terreno, em regiões alagadiças, barrancos e margens de rios ou em manguezais e zonas estuarinas. Essa situação propicia até o aparecimento de uma população que se estrutura em castas, especializando-se na catação de alimentos e materiais que retiram do lixo e dos lixões.

Outra situação extremamente grave que decorre do crescimento caótico das cidades relaciona-se à constante falta da disponibilidade de áreas para a adequada disposição do lixo, por meio de técnicas e metodologias conhecidas. Nesse sentido, serve de exemplo a própria Região Metropolitana de São Paulo, em que somente na capital, entre 1990 e 1991, foram geradas 2.652.927 toneladas de lixo domiciliar. Deste total, 323.493 foram estocadas; 1.137.211 receberam algum tipo de tratamento e 1.192.233 foram dispostas no solo.

Também as cidades do interior do estado de São Paulo produzem em conjunto uma significativa parcela de lixo. No mesmo período dos anos de 1990, foram produzidas, por cerca de 600 municípios, 45.877.537 toneladas de lixo, sendo 797.798 estocadas, 32.533.955 tratadas e 12.545.784 dispostas no solo.

Em resumo, na década de 1990, somente a cidade de São Paulo, em média, contribuiu com 12 mil toneladas de lixo diariamente.

Ainda associada a essa problemática está a constante e indefectível recusa da população em receber o lixo em seu município ou comunidade. Talvez pelo conhecimento adquirido através dos tempos, associando a presença do lixo ao aparecimento à eclosão dos surtos de doenças, à alteração da paisagem, aos maus odores etc., o homem tenha adquirido verdadeira paranoia, manifesta em inúmeras reações de caráter passional, quando se procura delimitar e selecionar áreas para disposição e tratamento de lixo.

Em junho de 1992, nos Estados Unidos, um trem com cerca de duas mil toneladas de lixo da cidade de Nova Iorque estava viajando para o leste, no qual sistematicamente era rechaçado nas cidades de Ilinois, Missouri e Kansas. O mau cheiro insuportável e a indignação geral impediam que o lixo fosse destinado aos aterros sanitários daquelas cidades.

Nesse sentido, é em geral até paradoxal que o ser humano tenha verdadeira ojeriza pelos dejetos e restos, inclusive de alimentos por ele gerados. Além daqueles já expostos, ao que parece, há também motivos de ordem psicológica. Realmente, pois até uma simples casca de laranja, que segundos antes era segura quando a fruta estava sendo comida e saboreada, passa repentinamente a ser olhada com asco, no exato momento em que é lançada na pequena lixeira de uma pia ou atirada na lata de lixo.

Seguramente, há na atividade humana um grande desperdício de material nutritivo. A produção média diária de uma pessoa é de 0,6 kg de lixo, sendo que 85% do total gerado são constituídos de matéria orgânica biodegradável. Além do mais, cada dez milhões de habitantes produzem, em média, cinco mil toneladas de material reciclável ou dois milhões de toneladas anualmente. Há grandes possibilidades então de minimizar a poluição e os impactos, em paralelo à obtenção de lucros, utilizando e reciclando materiais encontrados no lixo.

Em junho de 1992, o *Jornal da Tarde* abria manchete para citar José Vieira, um modesto cidadão mato-grossense-do-sul, cognominado de "O rei do lixo" em São Paulo. Inicialmente, ele vivia comendo restos de alimentos selecionados no lixo para, posteriormente, tornar-se um rico empreendedor, passando a um faturamento de 34 milhões de cruzeiros mensais (cerca de 13 mil reais), sendo um produto exclusivo da catação seletiva de materiais do lixo destinados à reciclagem, como papéis, vidros, latas e plásticos.

Em 1965, quando o Prof. Dr. Walter Engrácia de Oliveira ocupava a cátedra de Saneamento Geral, na Faculdade de Saúde Pública da USP, preocupado com o problema do lixo, idealizou, em contato com a OPAS/OMS, um pioneiro seminário internacional sobre o problema do lixo urbano, atuando como coordenador nacional, com o engenheiro Próspero Ruiz na coordenadoria internacional. Houve também a participação dos representantes de várias prefeituras de todo o país, destacando-se, entre outros, os Drs. Francisco Xavier Ribeiro da Luz, Gastão Henrique Sengés, Erabido Thiele, Júlio Rubbo, Renato Mendonça, além da colaboração de pesquisadores e técnicos como os Drs. Antonio Pezollo, Ary Walter Schimidt, Cláudio Manfrini, João Moreira Garcez Filho, José Martiniano de Azevedo Netto, Lucas Nogueira Garcez, Paulo Sampaio Wilken, Willian A. Xanten e do pioneiro jornalista, especializado em meio ambiente, Randolpho Marques Lobato, presidente da Associação Brasileira de Ecologia e Prevenção à Poluição do Ar (ABEPPOLAR), uma organização não governamental.

A partir desse evento, o assunto passou a merecer maior atenção, estruturando-se grupos e entidades em todos os estados da federação, culminando na fundação da Associação Brasileira de Limpeza Pública (ABLP), na Associação Brasileira de Empresas de Limpeza Pública (Abrelpe), e, mais recentemente, no Compromisso Empresarial para Reciclagem (CEMPRE).

CAPÍTULO 16

A importância de uma legislação pertinente

Neste capítulo, não se pretendeu dissertar de modo profundo sobre o "arcabouço legal", a sua história e atualidade, mesmo porque o tema foge da nossa especialidade, e sim enfatizar o quanto é importante se dispor de leis, normas e regulamentos que permitam ordenar as ações e intervenções sobre o meio ambiente; enfim, sobre a água, o ar e o solo, como se perceberá ao longo de sua leitura.

Embora existam técnicas e processos sofisticados de tratamento, pessoal especializado, instituições e conhecimento dos problemas de saúde, nada funciona de modo harmônico se não houver um ordenamento jurídico, ou que se possa dispor de diplomas legais para adoção das medidas convenientes para salvaguarda da saúde do homem que vive em sociedade.

Na história, registra-se que, em 594 a.C., Sólon elaborou leis regulamentando o uso das fontes de água e, em 400 a.C., Hipócrates fez publicar a obra *Ar, água e lugares*, na qual classificava e comparava as águas para uso humano, recomendando a filtração e fervura.

Ao serem tecidos sucintos comentários sobre a legislação, dando um salto na história, chegamos no ano de 1852, quando, na Inglaterra, uma lei obrigou a cobrir os reservatórios de água potável e exigiu a filtração.

Passando para o Brasil, menciona-se o Código de Águas, instituído em 1934 e a primeira legislação específica para controle da poluição das águas, consubstanciada na Lei n. 10.890, de 10 de janeiro de 1940, criando a Comissão de Investigação das Águas no Estado de São Paulo.

Como enfatizado, o Prof. Geraldo de Paula Souza, durante a Conferência Internacional da Paz, expôs perante a ONU, a criação da OMS, conforme documento original arquivado e exposto na sala da diretoria da Faculdade de Saúde Pública, em São Paulo. Essa entidade internacional é hoje a responsável em nível internacional pela emissão de guias e pelo estabelecimento dos padrões de qualidade inseridos na legislação.

Como ressalta a Profa. Dra. Silene Bueno de Godoy Purificação, especialista em Legislação Ambiental, em 1958, foram estabelecidos os padrões de potabilidade das águas do estado de São Paulo, que embasariam anos após as leis do governo federal para todo o território brasileiro, quando da criação da Secretaria Especial do Meio Ambiente (Sema), junto ao Ministério do Interior, em 1973, que viria a ser transformada no Instituto Brasileiro do Meio Ambiente e da Amazônia Legal, hoje Instituto Brasileiro do Meio Ambiente e dos Recursos Naturais Renováveis (IBAMA).

Outro expoente do Direito Ambiental, Dr. Antonio Fernando Pinheiro Pedro, em artigo publicado com a Dr.ª Flávia Witkowski Frangetto, de 2004, assinala que a preocupação legal com a preservação da natureza aparece em antigos diplomas legais como Código de Hamurabi, na Média Mesopotâmia, entre 2067 e 2025 a.C., e Código de Manu, na Índia, entre 1300 e 800 a.C., que estabelecia penas para práticas que poluíssem a atmosfera.

No mesmo artigo (PEDRO; FRANGETTO, 2004), os autores enfatizam que o Código dos Romanos, 451 – 450 a. C. (leis das XII Tábuas), foi a "matriz do direito ocidental, [e que] trazia dispositivos regulando a caça e a pesca, o escoamento das águas e o uso das árvores". Por outro lado, a Magna Carta, editada pelo rei São João "Sem Terra", da Inglaterra, em Runnnymede, em junho de 1215, trazia cláusulas regulando o uso dos recursos florestais. Explicitam os autores que este documento é considerado a "mãe das constituições". O sucessor de São João "Sem Terra", Henrique III, reeditou esse diploma, em outubro de 1216, dando origem ao primeiro Código Florestal da história.

No Brasil Colônia submetido à metrópole, as Ordenações Afonsinas, no século XIV, as Manoelinas, de 1514, e as Filipinas, de 1702, já traziam preocupações ambientais, com as florestas, a pesca, a proteção das águas e do solo. Em 1760, baixou-se o Alvará Real de Proteção dos Manguezais e, em 1760, criou-se por Carta Régia o Juiz Conservador das Matas.

Como se percebe da leitura dos capítulos deste livro, sempre houve uma preocupação com os recursos naturais, portanto os governos foram implementando as leis à medida que a escala dos problemas foi crescendo, e o Brasil não fugiu desse modelo ao longo de toda a sua história.

CAPÍTULO 17

A Faculdade de Saúde Pública e a CETESB no contexto do saneamento e do meio ambiente

No final do século passado e início do século XX, eram graves os problemas de saúde pública e incipientes as infraestruturas de saneamento, com exceção daquelas cidades que apresentavam algum interesse à exploração dos ingleses. Nestas, os serviços do abastecimento de água, e mesmo de esgotos, eram bastante satisfatórios, mas cobrindo, em média, apenas cerca de 10% a 15% da população.

Certas cidades, como relata Rodolfo Costa e Silva, em entrevista concedida à *Revista Água Viva Pelo Direito ao Saneamento* (ROCHA, 1997, p. 108), em 1990, constituem exemplo típico dessa situação acontecida no Brasil.

Em São Luís, no Maranhão, havia a empresa inglesa Ullen Company, que explorava tração, água, luz, esgoto e prensa de algodão; no Pará, a Port of Pará; em Manaus, a Manaus Improvement; em Porto Velho, a água era tratada pelos ingleses e usada também nas locomotivas a vapor da ferrovia Madeira – Mamoré; no Rio de Janeiro, a City e a Light; em São Paulo capital, a Light, e no interior, a Bond and Share.

Naquele tempo, o já experiente Saturnino de Brito vinha estudando a questão das águas e a sua utilização. Em 1908, indicou o Prof. Valadão, um grande advogado, para proceder estudos e elaborar normas, trabalho que, no fim, criou as bases que serviriam ao estabelecimento do Código de Águas.

Figura 17.1 – Fachada da Faculdade de Saúde Pública da USP.

A revolução ocorrida em 1930 traria clima para discutir a necessidade de uma regulamentação das concessões do uso de energia, como uma forma de proteção dos recursos do país. Foi em 1934 instituído o Código de Águas, que vige até ao presente, complementado por várias leis posteriores.

Outro importante registro é a instituição da "Liga de Saneamento Brasileiro", da qual faziam parte Saturnino de Brito, Vital Brasil, Sampaio Correia, Monteiro Lobato e outros eminentes lutadores que entendiam não haver a possibilidade de progresso sem a implantação do saneamento. Essas ideias e conceitos desembocaram em um movimento da chamada "Sociedade Brasileira de Higiene", que se tornou o núcleo fundador do Departamento Nacional de Saúde e do próprio Ministério da Saúde.

Como se observa, todo esse processo acompanhado pelo agravamento dos problemas ambientais no Brasil e, particularmente, no estado de São Paulo, na segunda metade do século XX, vinha há muito tempo preocupando vários técnicos, pesquisadores, professores e membros da sociedade civil em geral. Contudo, embora houvesse esporádicas manifestações, principalmente em momentos eventuais em razão de episódios mais agudos, ou quando por efeito da poluição prolongada, prejuízos de natureza econômica acontecessem, não existia uma política ou diretriz deliberada e efetivamente comprometida para resolução de problemas ambientais e poluição. Eventualmente, talvez, algumas entidades ligadas a programas de saúde, saneamento e educação procuravam atender a questões pontuais, fosse por algum esporádico projeto específico que, superficialmente, contemplava parcela dos problemas, fosse pela atitude abnegada de certos técnicos e funcionários, dotados da percepção dos possíveis impactos futuros, decorrentes da intensificação do processo produtivo acompanhado da utilização cada vez mais acentuada dos chamados recursos naturais.

Infelizmente, no mais das vezes, o ser humano age sem ter maiores escrúpulos ecológicos, pois vivendo isolado ou em sociedade parte da premissa de que o meio ambiente e todos os seus ecossistemas constituídos de uma intrincada e inextricável rede, trama ou cadeia alimentar, numa visão estrita, característica de seu antropocentrismo, somente a ele pertence. E o que é pior, pensa deter o completo domínio do conhecimento científico – que na realidade é dicotômico – e assim poder exercer a total "gestão" sobre as forças e os fenômenos da natureza, alterando-a, modificando-a, degradando-a; na ânsia, sempre crescente, de, ao criar tecnologia, atingir a finalidade de gerar constante conforto e bem-estar.

Mas deixemos as digressões de fatos tão paradoxais para lembrar que a caótica situação ambiental e a falta de uma política estruturada em um sistema de gestão ambiental, oficialmente instituído naqueles anos de 1960, motivou alguns docentes da USP, funcionários do governo e mesmo técnicos de algumas empresas de consultoria a pensarem na criação de um órgão que, de algum modo, viesse a atender aos imperativos da saúde pública e do saneamento, enfim, do meio ambiente, alterando o curso da história, que àquela altura inclinava-se para a total degradação dos recursos naturais, como decorrência da inexistência de uma visão e atuação sistêmica envolvendo os vários segmentos da sociedade, isto é, que estancasse o desenfreado sectarismo em todas as instâncias, por meio de uma verdadeira ação de catálise.

Algumas discussões foram realizadas em colóquios informais no Departamento de Saúde Ambiental, da Faculdade de Higiene e Saúde Pública, atual Faculdade de Saúde Pública da USP, e em outros locais das quais participavam os Profs. Eduardo Riomey Yassuda, depois secretário de Obras Públicas; Samuel Murgel Branco; Cláudio Manfrini; Paulo Soichi Nogami; Armando Fonzari Pera; Carlos Celso do Amaral e Silva; Nelson Nefussi; Oscar Felomeno Lotito; Walter Engrácia de Oliveira e José Martiniano de Azevedo Netto, muitos dos quais, após a reforma ocorrida na universidade, passaram ao Departamento de Hidráulica e Saneamento da Escola Politécnica (onde já estavam os Profs. Lucas Nogueira Garcez, Neusa Monteiro de Arruda Juliano e José Meiches). Foram secundados por alguns outros sanitaristas como Max Lothar Hess, Antonio Pezzolo, Camal A. S. Rameh, Otacilio Alves Caldeira, este que viria a ser o primeiro presidente da CETESB, homem dinâmico, empreendedor, a quem realmente se deve o fato de a companhia durante muitos anos ter assumido a liderança do saneamento na América Latina; Haroldo Jezler, Braz Juliano, Luiz Augusto de Lima Pontes, Nelson Rodrigues Nucci e outros, vários dos quais membros e líderes da Associação Brasileira de Engenharia Sanitária, depois ABES.

Desse embrião inicial e informal, surgiria a ideia de criar um grande centro de nível internacional na área de saneamento ambiental, prioritariamente "destinado à formação de equipes e laboratórios especializados de alto padrão, para dar suporte aos estudos de recuperação e conservação de qualidade dos recursos hídricos requeridos pela Região Metropolitana".

De acordo com o livro *CETESB 25 anos: uma história passada a limpo*, de 1994, edição para a qual colaboramos, essa pioneira ideia foi de encontro às recomendações apresentadas pelos consultores, Profs. Drs. Robert Burden e Myron B. Fiering, em agosto de 1967, respectivamente, vice-decano da Escola de Pós-Graduação em Saúde Pública da Universidade de Harward e professor da mesma universidade, ambos assessores e consultores da OPS/OMS.

Mais adiante, enquanto o projeto de criação do Centro de Treinamento e Pesquisas em Saneamento Básico estava em apreciação na Assembleia Legislativa do Estado de São Paulo, o executivo estadual, com Abreu Sodré como governador e depois com Laudo Natel, em função do surpreendente interesse demonstrado pela ONU na criação de um centro em São Paulo, iniciou entendimentos com o Programa das Nações Unidas para o Desenvolvimento, visando a obtenção de apoio e de recursos destinados à estruturação da entidade.

Entre as instituições que podem ser consideradas precursoras da CETESB, além de vários órgãos do governo, estão o DOS, o DAEE, o DAE, a CICPAA, a SUSAM, e, não se pode esquecer, a Faculdade de Saúde Pública da USP, pois nesta, como vimos, aconteceram as primeiras discussões que viriam a gerar o sistema de controle ambiental do estado de São Paulo.

Os primeiros cursos de treinamento oferecidos pela CETESB, em 1968, tanto aqueles ministrados de maneira tradicional, quanto a distância (de saneamento por correspondência, pioneiros no Brasil), contaram com a participação integral e efetiva dos professores do Departamento de Saúde Ambiental, da Faculdade de Saúde Pública, incluindo este autor. Aliás, essa colaboração para os cursos por correspondência persiste até hoje.

Exemplo dignificante dessa estreita vinculação e atuação pode ser evidenciado pelo grande número de profissionais que atuaram simultaneamente nas duas instituições, alguns dos quais chegando a ocupar os mais altos postos hierárquicos, como diretores. Neste caso, são destaques os Profs. Drs. Carlos Celso do Amaral e Silva, que durante muitos anos foi também o responsável, no Brasil, pelo projeto do PNUD, BRZ 2103, e Samuel Murgel Branco, que reestruturou e dinamizou o setor de pesquisas, quando corria o governo Franco Montoro, além dos engenheiros Oscar Felomeno Lotito e Nelson Nefussi, que posteriormente chegou à presidência.

Da relação dos quinze primeiros funcionários registrados nos primórdios da instituição, na folha 79 do livro *CETESB, 25 anos*, constam Celso Eufrásio Monteiro

(Registro 0002), Alvino Genda (Registro 0003), Aristides Almeida Rocha (Registro 0007) e Antonio Carlos Rossin (Registro 0014); todos à época professores da Faculdade de Saúde Pública.

Destes, Celso Eufrásio Monteiro e Alvino Genda, saudosos professores e engenheiros, e Aristides Almeida Rocha, biólogo e professor, depois diretor da Faculdade de Saúde Pública da USP, comporiam a equipe de técnicos de assessoramento ao grupo de trabalho, instituído pelo Ato n.º 3.934, de 29 de novembro de 1968, do secretário de obras públicas do estado de São Paulo, Prof. Dr. Eduardo Riomey Yassuda, coordenado pelo Prof. Dr. Paulo Soichi Nogami, para elaboração do primeiro Plano Estadual de Controle de Poluição das Águas, São Paulo, em 1969.

Para finalizar esta breve exposição, é imperativo ressaltar que o controle ambiental e o saneamento no Brasil muito devem ao pioneirismo de dois grupos de técnicos, pesquisadores, sanitaristas e professores. No Rio de Janeiro, a Superintendência de Saneamento (SURSAN), do antigo Instituto de Engenharia Sanitária (atual Fundação Estadual de Engenharia do Meio Ambiente – FEEMA), começou na década de 1950 a atuar no controle ambiental formando os primeiros técnicos, inclusive com especialização no exterior, podendo dentre tantos a ser lembrados os Drs. Fausto Guimarães, Pedro Márcio Braile, Evandro Rodrigues de Brito, Geraldo Maciel e Norma Crud Maciel, para citar alguns eméritos especialistas.

No mesmo período, o grupo de São Paulo (que, em nível municipal e depois no âmbito estadual, daria início à história do controle ambiental) foi constituído por, além daqueles antes narrados, Jacob Zugman, Wilson Aquaviva, Fernando Fukuda, Michéas Bueno de Godoy, Gilberto de Oliveira, Fernando Guimarães e muitos outros que iniciaram suas carreiras na antiga CICPAA.

Aliados a outros pioneiros que atuavam à época em instituições, como Horst Otterstetter, Jurandyr Povinelli, Ivanildo Hespanhol, Maria Therezinha Martins, Helena Apparecida Pereira, Wilma Ana Rosa Cardinali Branco, Katia Momo, Darcy Horcel, Ivan Horcel, Roberto Eduardo Bruno Centurion, Mário Narduzzo, Pedro Além Sobrinho, Miguel Mendonça, Lineu Montebelo, José Carlos Derizio, Hideo Kawai, Paulo Salvador Filho, Milo Ricardo Guazeli, Carai Ribeiro de Assis Bastos, Antonio Carlos Parlatore, Helga de Souza, Márcio Luiz Pereira de Souza, Mário Kato, Ben Hur Lutenbarch Batalha, Uilson Sá Melo, Helio Marsiglia, Mário Albanese e uma infindável lista de técnicos, pesquisadores, administradores e professores com os quais nos primórdios da CETESB convivi, e que a passagem inexorável do tempo impede que a memória a todos registre.

Assim, aquele embrião surgido nos anos de 1950 e 1960 haveria de se espalhar pelos demais estados brasileiros, somando-se a outros idealistas em cada rincão existente, até que o governo ditatorial naqueles idos tempos, sensibilizado por essa agora massa crítica, e em consonância com a pressão da sociedade civil, catalisada pelas cada vez mais estruturadas ONGs e fazendo eco às injunções de entidades financiadoras internacionais, resolvesse, finalmente, em 1973, instituir no âmbito federal a SEMA, junto ao Ministério do Interior (atual IBAMA).

Ainda que, para o controle ambiental, o chamado "milagre brasileiro" tenha de certo modo tardado, em uma quadra da história que alguns detinham soberanos poderes tomando decisões ao arrepio da sociedade e nem sempre contemplando aos superiores desígnios de seus cidadãos, felizmente foi guindado a primeiro secretário do Meio Ambiente o Prof. Dr. Paulo Nogueira Neto, advogado, mas sobretudo biólogo e naturalista, meu digno professor na USP, que, dotado de equilíbrio e conhecedor profundo da causa ambiental, imprimiu segura e correta orientação. Isso possibilitou, apesar daqueles conturbados momentos, que o órgão fosse efetivamente implantado e consolidado, permitindo ao Brasil recuperar em parte o tempo perdido, estabelecendo então uma sólida diretriz quanto à política de gestão e ao controle ambiental.

Para encerrar, reproduzo parte de um artigo que apresentei ao primeiro número da revista *Bio Brasilis*, editada pelo Conselho Regional de Biologia (CRBio-O1) em 2010, com base em palestra que proferi em 2 de setembro de 2009, em um seminário na CETESB, dissertando sobre a importância da participação dos biólogos na empresa e contando fatos pitorescos da própria inauguração dos laboratórios da Companhia de Tecnologia de Saneamento Ambiental (CETESB):

> No decorrer da segunda metade da década de 1960, os órgãos estaduais relacionados ao problema da água fundamentalmente eram voltados ao fomento, isto é, ao abastecimento público de água potável, em quantidade e qualidade e, em menor escala, ao tratamento dos esgotos domésticos e de modo insipiente dos resíduos industriais. Ênfase maior se dava sempre à necessidade de dispor de águas para a geração de energia elétrica, suporte da produção industrial. Os óbices ao meio ambiente (água, ar e solo) tornaram-se insuportáveis, de tal modo que a sociedade civil dá início a uma série de protestos, culminando na formação das ONGs, uma forma de instrumentalização da sociedade em seus vários segmentos.
> A gênese da CETESB nesse período faz parte dessa crescente preocupação motivando discussões sobre de como seria possível instituir um sistema de gestão ambiental do estado de São Paulo [...] Foi criado então, em 1968, o Centro Tecnológico de Saneamento Básico, o CETESB, uma coordenadoria autárquica do Fomento Estadual de Saneamento Básico (FESB). O CETESB, à semelhança do Robert Taft Center, de Cincinnati, Ohio (posteriormente transformado na *Environmental Protection Agency* – EPA, a agência de proteção ambiental dos Estados Unidos), tinha precipuamente as funções de suporte laboratorial da Coordenadoria de Controle e Fiscalização, do próprio FESB, fazendo análises rotineiras das águas e também um setor de pesquisas destinado à procura de novas metodologias, adaptação de técnicas já existentes, estabelecimento de novos padrões de qualidade e monitoramento das águas dos rios das bacias hidrográficas do Estado de São Paulo. Veja-se que o enfoque básico não era propriamente a rotina do controle, mas sim o da pesquisa. Um parêntesis, lembro aqui que as atribuições para o controle da Poluição do Ar só foram incorporadas à empresa em 1973.

Inicialmente, o CETESB funcionou na Rua do Riachuelo, no edifício do antigo Departamento de Águas e Esgotos (DAE), e de onde vieram vários profissionais para a então CETESB (depois transformado na "Companhia" CETESB); desse endereço passou-se para a Estação de Tratamento de Águas do Alto da Boa Vista, na época da Companhia Metropolitana das Águas – COMASP, em seguida transformada na atual Sabesp. Depois de alguns meses, após o término da construção dos primeiros laboratórios na Av. Prof. Frederico Hermann Jr., houve a transferência definitiva, embora ainda vinculado ao FESB, este sediado na Rua Bernardino de Campos, no bairro do Paraíso.

Eu, primeiro biólogo contratado do CETESB procedente da antiga CICPAA, após passar três meses na COMASP, cheguei acompanhado do químico Fernando Fukuda e logo a seguir dos engenheiros Celso Eufrásio Monteiro, Alvino Genda e Carlos Celso do Amaral e Silva. Bem, a propósito, quero dizer que o meu crachá era de número 007, e como naquela época foi criada uma Superintendência de Segurança, chefiada por um militar, este estava sempre de olho no meu crachá.

Meses depois, do antigo laboratório do DAE, vieram a Dra. Maria Therezinha Martins, odontóloga, mas especializada em algas, portanto trabalhando com biologia; Ivan Horcel e Daici sua esposa, Kátia Momo, químicos; Vitor Faciolo, químico, e que depois tornou-se biólogo; o químico João Ruocco e a bióloga Wilma Ana Rosa Cardinale Branco; e mais adiante o limnólogo japonês Hideo Kawai, os biólogos Pedro Jureidini (de saudosa memória), Sérgio José Chinês, e com ele a química Petra Sanches Sanches; as biólogas Denise Navas Pereira, Cláudia Condé Lamparelli, Marta Lamparelli, a Wilma, antes secretária, que formou-se em biologia e se especializou em vírus; Rosana Vazoler, Elenita Guerardi, Eduardo Bertoletti e outros que as calendas do tempo impedem de me lembrar neste momento.

A propósito há um episódio que gostaria de lembrar relacionado com os biólogos na CETESB. A antiga Associação Paulista de Biólogos – APAB, então dirigida pela Dra. Noemi Yamagushi, grande lutadora pela criação do Conselho de Biologia e reconhecimento da nossa classe, em certa ocasião promoveu um encontro de biólogos no auditório do Departamento de Botânica do Instituto de Biociências da USP e solicitou que eu fizesse uma palestra sobre a atuação dos biólogos na CETESB. Naquela oportunidade, mais ou menos cinco anos após a implantação da companhia, quando ainda não éramos oficialmente reconhecidos como profissão, falei de nossas atividades e da participação nas pesquisas de laboratório e trabalhos de campo e me referi ao fato de que o número de biólogos em relação ao de engenheiros era sensivelmente desproporcional: nove biólogos para 103 engenheiros. No dia seguinte, quando almoçava no refeitório da empresa, comentei o fato com o saudoso amigo e colega engenheiro Mário Narduzzo, e ele em tom jocoso respondeu: "puxa, como tem biólogo na CETESB!"

O primeiro período, diria, foi heroico, pois fazíamos de tudo: coleta de campo, análise de laboratório, levantamento de materiais para compra, participação dos processos de licitação, coleta de material bibliográfico, elaboração de relatórios, laudos de análise, acompanhamento de visitantes e de consultores nacionais e estrangeiros, preparação de cursos, aulas e treinamento na própria companhia e em estações de tratamento de água e esgoto, nas indústrias etc.

Dessa época, pinçando alguns fatos aleatoriamente, posso mencionar:

a) O primeiro Curso para Operadores de Estações de Tratamento de Água e Esgoto oferecido pelo CETESB, ainda quando provisoriamente instalado na Estação de

Tratamento de Águas do Alto da Boa Vista, em que ganhei de presente um paliteiro de madeira, que guardo até o presente, ofertado por um emocionado senhor, operador da Estação de Porto Ferreira, no encerramento do curso.

b) O dia programado para a inauguração dos laboratórios do CETESB, em que o material de laboratório (vidrarias, pinças etc.) já licitado e adquirido não foi entregue. A situação tornou-se delicada, pois à tarde o governador Abreu Sodré e comitiva viriam oficialmente dar início às atividades desse então novo órgão estatal. Lembro que pela manhã, acompanhado do químico Fernando Fukuda, no meu Volkswagen (Fusca), com ordem do presidente, o saudoso Dr. Otacilio Alves Caldeira, fui pedir ao Dr. Cláudio Manfrini, da COMASP, algum material emprestado da Estação de Tratamento de Águas da Via Anchieta, às margens da represa Billings (onde eu havia trabalhado quando de minha passagem pela COMASP). Foi assim que por volta de 16h o governador Abreu Sodré e convidados encontraram o laboratório em pleno funcionamento(!) com soluções coloridas, água borbulhando, peixinhos guarus em aquários simulando bio-ensaios, beckers fervilhando. Os laboratórios do CETESB foram, portanto, inaugurados.

c) A primeira coleta de água realizada pelo CETESB nos rios Jundiaí e Tietê, em Jundiaí, Itaci, Pimenta, Itupeva, atendendo ao Primeiro Plano Estadual de Controle da Poluição das Águas, coordenado pelo engenheiro Paulo Soichi Nogami, e que tinha o assessoramento de uma equipe técnica formada pelos engenheiros Celso Eufrásio Monteiro e Alvino Genda, o químico Fernando Fukuda e um biólogo que era eu foi feita com o meu fusquinha.

d) O primeiro trabalho (levantamento de represas) na represa de Americana e no rio Atibaia contou não só com a minha participação, como da participação da bióloga Vilma Cardinale Branco, do limnólogo Hideo Kawai, dos químicos Uilson Sá Melo, Hélio Marsiglia, Ariovaldo Barroti, Adhemar Chavaglia, como também dos biólogos do Departamento de Ecologia Geral do Instituto de Biociências da USP, o Prof. Dr. Claudio Frohelich (meu orientador de mestrado e doutorado), as Profas. Dras. Maria Aparecida Juliano de Carvalho, Marlene Arcifa Zago e Gisela Yuka Shimizu. Contou ainda com a supervisão e assessoria do biólogo Prof. Dr. Samuel Murgel Branco.

e) A inserção na legislação do parâmetro biológico indicador "Animais Bentônicos ou de Fundo" foi pioneiramente pesquisada na CETESB pelos biólogos e eu fazia parte dessa equipe.

Bibliografia

A BÍBLIA sagrada. O velho e o novo testamento. Tradução de João Ferreira de Almeida. 3. ed. Rio de Janeiro: Imprensa Bíblica Brasileira, 1948.

AZEVEDO NETTO, J. M. de. Cronologia dos serviços de esgotos, com especial menção ao Brasil. *Revista DAE*, São Paulo, n. 33, p. 15-21, 1979.

_____. Abastecimento de água de São Paulo: subsídios para a História (1ª parte). *Revista DAE*, São Paulo, n. 106, p. 24-27, 1970.

_____. Cronologia do tratamento de água. *Revista DAE*, São Paulo, n. 116, p. 68-70, 1968.

BATALHA, B. H. L. *Glossário de engenharia ambiental*. Brasília: DNPM, 1986. 119 p.

BRAGA FILHO, D.; BOMBONATTO Jr., C. Sistemas Alto e Baixo Cotia. *Revista DAE*, São Paulo, v. 54, n. 175, p. 6-48, 1994.

BRAGA, B. P. F. et al. Pacto federativo e gestão das águas. *Estudos Avançados*, São Paulo, v. 22, n. 63, p. 17-42, 2008.

BRANCO, S. M. Henri Charles Potel e a biologia das águas de São Paulo. *Revista DAE*, São Paulo, v. 25, n. 52, p. 26-28, 1964.

_____. *Poluição*: a morte de nossos rios. Rio de Janeiro: Ao Livro Técnico, 1972.

BRANCO, S. M.; ROCHA, A. A. *Poluição, proteção e usos múltiplos de represas*. São Paulo: CETESB; Blucher, 1977. 185 p.

_____. Elementos de ciências do meio ambiente. 2. ed. São Paulo: CETESB; ACETESB, 1987. 206 p.

BRANCO, S. M. et al. Episódios pitorescos selecionados da história do saneamento em São Paulo. *Revista DAE*, São Paulo, v. 147, n. 46, p. 346-353, 1986.

BRASIL. Ministério do Meio Ambiente. *GEO Brasil: recursos hídricos*. Brasília: Ministério do Meio Ambiente; Agência Nacional de Águas, 2007.

BROCANELI, P. F. *O ressurgimento das águas na paisagem paulistana*: fator fundamental para a cidade sustentável. 2007. Tese (Doutorado) – Universidade de São Paulo, São Paulo, 2007.

CANDEIAS, N. M. F. Memória histórica da Faculdade de Saúde Pública da Universidade de São Paulo: 1918-1945. *Revista de Saúde Pública*, São Paulo, v. 18, p. 2-60, 1984.

CAPOCCHI, J. Notas para a história da engenharia sanitária no Brasil colonial. *Revista DAE*, São Paulo, n. 46, p. 14, 1962.

CESAR, J. C. C. N. Saneamento básico antes, durante e depois do PLANASA. *Revista Engenharia*, São Paulo, n. 616, p. 10-12, set. 2013.

CETESB – COMPANHIA DE TECNOLOGIA DE SANEAMENTO AMBIENTAL. *CETESB 25 anos*: uma história passada a limpo. São Paulo: CETESB, 1994.

CHAVES, C. M. *Condições sanitárias de águas de piscinas de Campo Grande, Mato Grosso do Sul*. 1984. Tese (Doutorado) – Universidade de São Paulo, São Paulo, 1984.

DUARTE, R. G. *Eutrofização da Represa do Lobo*: observações sobre fatores que contribuem para a eutrofização de represas em climas tropicais (v. 1 e 2). 1982. Tese (Doutorado) – Universidade de São Paulo, São Paulo, 1982.

FALKENMARK, M. *Water scarcity generates environmental stress and potential conflicts*. [S.l.]: Lewis Publishers, 1992.

FERREIRA, A. B. G. A Engenharia sanitária no Brasil e sua evolução. *Revista DAE*, São Paulo, n. 61, p. 31-34, 1966.

Bibliografia

FINK, D. R.; SANTOS, H. F. A legislação de reúso de água. In: MANCUSO, P. C. S.; SANTOS, H. F. dos (Ed.). *Reúso de* água. São Paulo: Manole, 2003.

FREITAS, A. A. *Dicionário histórico, topográfico, etnográfico ilustrado*. São Paulo: Instituto Histórico e Geográfico de São Paulo, 1929.

GIORDANI, M. C. *História de Roma*: Antiguidade Clássica II. 3. ed. São Paulo: Vozes, 1972. 398 p.

HESPANHOL, I. Um novo paradigma para a gestão de recursos hídricos. *Estudos Avançados*, São Paulo, v. 22, n. 63, p. 131-158, 2008.

HINMAN Jr., J. J. Acontecimentos importantes no desenvolvimento do tratamento de água. *Revista DAE*, n. 25, p. 49-50, 1957.

ELETROPAULO. *Rios, reservatórios, enchentes*. São Paulo: Departamento de Patrimônio Histórico da Eletropaulo, 1995.

LEAL, R. A. A higiene pública na Antiga Roma. *Revista DAE*, São Paulo, n. 29, p. 65-72, 1988.

LIMA, G. C. B. Notícia histórica e geográfica da hidrografia de São Paulo de Piratininga. *Revista do Instituto Geográfico e Geológico de São Paulo*, São Paulo, v. 4, n. 1, jan./mar. 1946.

LISSNER, I. *Os césares*: apogeu e loucura. Minas Gerais: Itatiaia, 1964. p. 198.

MANCUSO, P. C. S. *O reúso de* água *e sua possibilidade na Região Metropolitana de São Paulo*. 1992. 132 f. Tese (Doutorado) – Universidade de São Paulo, São Paulo, 1992.

_____. Reúso de água, sua importância e aplicações, aspectos conceituais, técnicos legais e de saúde pública. In: REUNIÃO DO CENTRO DE APOIO À PESQUISA, 2014, São Paulo. *Anais...* São Paulo: CEAP; FSP-USP.

MANCUSO, P. C. S.; SANTOS, H. F. *Reúso de* água. São Paulo: Manole, 2003. (Coleção Ambiental).

MATTEI, A. A. Águas *minerais: necessidades ou crenças*. 1995. 414 f. Tese (Doutorado) – Universidade de São Paulo, São Paulo, 1995.

MICHALANY, D. Avenida São João. *Revista da Academia Paulista de História*, v. 9, n. 31, p. 5, 1996.

MONTEIRO, J. R. R. *Plano Nacional de Saneamento (PLANASA)*: análise de desempenho. p. 1-12, nov. 1993.

NICOLINI, H. *Tietê, o rio do esporte*. São Paulo: Phorte, 2001. 368 p.

OLIVEIRA, W. E. Saneamento: notícias e comentários. *Revista DAE*, v. 83, p. 11-12, 1971.

PAGANINI, W. S. A identidade de um rio de contrastes: o Tietê e seus múltiplos usos. São Paulo: Imprensa Oficial do Estado de São Paulo, 2007. 256 p.

PEDRO, F. P. P.; FRANGETTO, F. W. Referências históricas e evolução das normas de proteção ambiental no Ocidente e no Brasil. In: *Curso de Gestão Ambiental*. São Paulo: Manole, 2004. p. 621-623.

PELLEGRINI, D. Hidros: o saudável mundo das águas. Ícaro, [S.l.], p. 30-36, 1988.

PORTO, M. F. A.; PORTO, R. L. L. Gestão de bacias hidrográficas. *Estudos Avançados*, São Paulo, v. 63, n. 22, p. 43-60, 2008.

PURIFICAÇÃO, S. B. G. *O desenvolvimento sustentável e legislação ambiental do Estado de São Paulo*. Dissertação (Mestrado) – Faculdade de Saúde Pública, Universidade de São Paulo, 2001.

REBOUÇAS, A. C. Água doce no mundo e no Brasil. In: REBOUÇAS, A. C.; BRAGA, B.; TUNDISI, J. G. (Org.). *Águas doces no Brasil*. São Paulo: Escrituras, 1999. p. 1-37.

ROCHA, A. A. *A Limnologia, os aspectos ecológico-sanitários e a macrofauna bentônica da represa de Guarapiranga na Região Metropolitana de São Paulo*. 1976. 194 f. Tese (Doutorado) – Universidade de São Paulo, São Paulo, 1976.

_____. Aspectos epidemiológicos e poluidores, vetores, sumeiros e percolados. *Revista DAE*, São Paulo, n. 128, p. 63-68, 1982.

_____. *A Ecologia, os aspectos sanitários e de saúde pública da represa Billings na Região Metropolitana de São Paulo, uma contribuição à sua recuperação*. 1984. 166 f. Tese (Livre-Docência) – Universidade de São Paulo, São Paulo, 1984.

_____. *Do lendário Anhembi ao poluído Tietê*. São Paulo: Edusp, 1991. 75 p.

_____. A história do lixo. In: *Resíduos sólidos e meio ambiente*. São Paulo: Secretaria do Meio Ambiente, 1993. p. 15-22. (Série Seminários & Debates).

_____. A problemática da água. In: LEITE, J. L. (Org.). *Problemas-chave do Meio Ambiente*. Salvador: Instituto de Geociências da UFBA, 1994. p. 91-114.

_____. *Fatos históricos do saneamento*. São Paulo: João Scortecci, 1997. 120 p.

_____. Controle da qualidade do solo. In: PHILIPPI Jr., A. *Saneamento, saúde pública e ambiente*: fundamentos para um desenvolvimento sustentável. Barueri: Manole, 2005. p. 485-515.

_____. Histórico dos biólogos na CETESB. *Revista BioBrasilis*, ano 1, n. 1, p. 4-7, 2010.

ROCHA, A. A.; CESAR, C. L. G.; RIBEIRO, H. (Ed.). *Saúde pública*: bases conceituais. 2. ed. São Paulo: Atheneu, 2013. 414 p.

ROSEN, G. *Uma história da saúde pública*. São Paulo: Hucitec, 1994.

ROSENCHAN, M. *Os rios Tietê e Tâmisa: abordagem crítica dos programas de despoluição*. 2005. Dissertação (Mestrado) – Universidade de São Paulo, São Paulo, 2005.

SÃO PAULO. *Constituição (1989)*. Constituição do Estado de São Paulo. São Paulo: Assembleia Legislativa, 1989.

SABESP – COMPANHIA DE SANEAMENTO BÁSICO DO ESTADO DE SÃO PAULO. *Diretoria de Sistemas Regionais – DSR Unidade de Negócio Pardo e Grande*. Curso sobre saneamento. Disponível em: <www.sabesp.com.br/sabesp/filesmng.nsf>. Acesso em: 10 out. 2012.

SANT'ANNA, N. Fontes e chafarizes de São Paulo. *Revista DAE*, n. 61, p. 19-20, 1966.

SANTOS, C. L. *Tecnologias de reúso aplicadas ao abastecimento de água potável e industrial na Baixada Santista*. 1992. Tese (Doutorado) – Faculdade de Saúde Pública Universidade de São Paulo.

SAVELLI, M. Histórico de aproveitamento das águas da região paulistana. *Revista DAE*, n. 53, p. 82-87, 1975.

SILVA, B. C. M. *Reúso de água em sistemas de resfriamento: estudo de caso – Subestação Conversora de Energia Furnas Centrais Elétricas S/A*. 2003. Tese (Doutorado) – Universidade de São Paulo, São Paulo, 2003.

SOUSA, E. V. P. A Paulicéia há 60 anos. *Revista do Arquivo Municipal*, São Paulo, v. 111, p. 1946.

SOUSA NETO, G. I. *Avaliação dos principais planos diretores para controle da poluição hídrica na Região Metropolitana de São Paulo*. 1998. Dissertação (Mestrado) – Universidade de São Paulo, São Paulo, 1998.

UN – UNITED NATIONS. Agenda 21. In: UNITED NATIONS CONFERENCE ON ENVIRONMENT & DEVELOPMENT, 1992, Rio de Janeiro. *Anais...* New York, 1992.

UNIAGUA – UNIVERSIDADE DA ÁGUA. Disponível em: <http://www.uniagua.org.br>. Acesso em: 1 ago. 2008.

VIEIRA FILHO, D. *Breve história das ruas e praças de São Luís*. Rio de Janeiro: Gráfica Olímpica, 1971. p. 186-187.

WOLMAN, A. Havia regras sobre água pura há 4.000 anos atrás. *Revista DAE*, São Paulo, n. 34, p. 93-94, 1979.

O autor

Aristides Almeida Rocha, professor titular da USP, ex-diretor da Faculdade de Saúde Pública e professor emérito, mestre e doutor pelo Instituto de Biociências da USP, com bolsas de estudo da OMS e de pós-doutorado da Fundação de Amparo à Pesquisa do Estado de São Paulo (Fapesp), estagiou e visitou laboratórios da *Environmental Protection Agency* (EPA), nos Estados Unidos, e do *Institut National de Recherche Chimique Appliqueé* (IRCHA), na França, além de outras instituições.

Como consultor e assessor da OPS/OMS, do BID, da *United Nations Industrial Development Organization* (Unido), e de outras entidades nacionais, desenvolveu missões no exterior, percorrendo vários países, e em todo o território nacional.

Possui inúmeros trabalhos técnico-científicos publicados em revistas e apresentados em congressos, além de livros, destacando-se: "Do lendário Anhembi ao poluído Tietê", "O problema dos agrotóxicos no ambiente", "O oceano em crise". "Reflexões de um biólogo", "Ciências do ambiente, saneamento e saúde pública", e "Fatos históricos do saneamento".

Em coautoria com o Prof. Samuel Murgel Branco, publicou *Poluição, proteção e usos múltiplos de represas* (em fase de reedição) e *Elementos de ciências do Meio Ambiente*; e, com este autor e com a Profa. Ivane Padilha de Soeiro Rocha, *Ecologia (Manual do Professor e Manual do Aluno) 5ª a 8ª séries do 1º grau.*

Para a Editora Atheneu, editou, com os Profs. Chester Luiz Galvão Cesar e Helena Ribeiro, o livro, já na 2ª edição, *Saúde Pública: Bases Conceituais*, e participou do capítulo "Saúde Ambiental e Ocupacional".